人初千日育兒全書

決定孩子一輩子生命品質的1000天

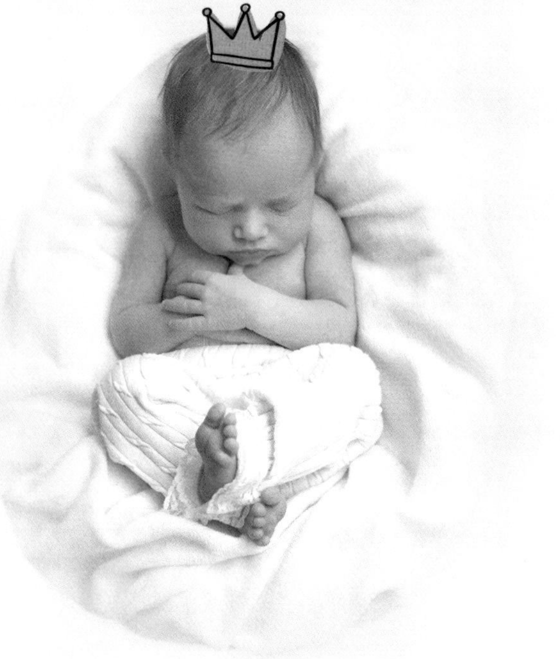

鄭宜珉 著

CH3
父母4大智能，建立覺醒家庭
心智智能、情緒智能、生理智能、創意智能

CH4
我就要你好好的
讓人初千日家庭好好過日子

CH5 人初千日6大STEAM教育

CH7 人初千日關鍵發展8部曲

下篇：認知與語言發展、大腦與神經發展

推薦序

讓人初千日孩子更直接感受父母的愛

葉嗣平

很榮幸受鄭老師之邀，爲其著作《人初千日育兒全書》寫序。

我本身是科技人，育兒知識並非我專業，只是剛好因爲最近的工作需要拜訪國內外生技領域的專家，因而學習到非我專業領域的一些知識。

二〇一二年諾貝爾醫學獎頒給了日本京都大學的山中伸彌教授，主要就是肯定他在誘導性多功能幹細胞（iPS）的研究成果，也掀起國際對於日本相關研究的注目。我很幸運地能夠拜訪到同樣從事幹細胞研究的櫻田一洋教授，相較於山中教授以老鼠的iPS幹細胞研究，櫻田教授則是第一位研究出人類iPS幹細胞的研究員，因而著名。在與櫻田教授的訪談中，他和我分享近日的研究方向，那就是人初千日研究。

他發現人類受精卵的幹細胞，在受孕母體內分裂成長的過程中，會受到母體所遭受的外界因素影響而發生變化，這可以呼應達爾文的進化論理論。因此，我們所了解的人格育成，分成三個成因：一是遺傳DNA；再者是人初千日；而後是外界的後天造成。

我當時回應他，中國人自古就有胎教的說法，似乎和他的研究不謀而合。他又接著說，除了懷孕期間幹細胞分裂成長會受到母體影響，當嬰兒出生後，嬰兒的幹細胞仍然持續成長，此時仍然會受到外界因素的影響，如飲食、環境、情緒或其他讓嬰兒產生不正常壓力的干擾，皆有可能讓嬰兒成長過程發生變化，因此，需要嬰兒的父母和家人持續地對嬰兒關心照護。所以從受孕懷胎開始，到嬰兒出生的成長階段，這就產生了人初千日照護的概念。

由於我的專長是資通訊領域，所以櫻田教授希望能夠研發出一個可靠的穿戴式裝置，持續偵測孕婦的情緒變化及相關生理訊息，提供孕婦相應的照顧服務；而當嬰兒出生後，也可以針對新手母親的產後憂鬱症提供照護服務，以免發生令人扼腕的家庭悲劇。對於嬰兒，也可以用穿戴式或近距離感測裝置，提供嬰兒的遠距照護方案。他的這二個想法，促成了我在公司內推動相關產品的開發方向，而這也是值得大家思考的使用者價值所在。

我曾經在同學聚會中，聽過一位在美國史丹佛大學任教的同學提到「按摩」的重要性，並說到人跟人直接的接觸，可以對自己的身體產生正面效益。我的解讀是，人的思考（EEG）及動作（EMG），都有微電流信號，當身體接觸時，這種微電流可以傳導到對方，所以科學家有一種想像，以後人體只要植入晶片，握手時就換好名片了。用在按摩效果的解釋，雙方在接觸時，或許就可以感受到另外一方的想法，好比如果充滿了愛，對方就可以感受到愛，反之亦然。當然，每個人的靈敏度不同，感受就有不同層次，所以不見得大家的體認都一致。

鄭老師推動的親子按摩，除了按摩本身帶來的生理效果，或許也是可以讓嬰兒更直接感受父母的愛，使其在非常重要的成長階段感受到愛與安全，因而順利成長。

我相信這也是鄭老師在推動人初千日的初衷。

（本文作者爲華碩全球副總裁）

推薦序

聆聽孩子，也聆聽自己的人初千日

曾寶儀

二〇一八年，我花半年時間繞了地球三圈，拍攝四集的系列紀錄片《明天之前》，探討人類正在或即將面對但目前仍無解的議題，包括AI性愛機器人、美墨邊境、人類永生及安樂死。拍攝結束後，朋友常問我，結束這趟旅程最大的收穫是什麼？我一言難盡。但我總是會跟有孩子的朋友說，好好檢視孩子們現在受的教育，因爲他們正在學的東西，不要說五年，可能三年後就完全不適用了。

這就是現在的孩子正面臨的未來。

身爲提早到地球的我們，到底還能做什麼？又能爲孩子留下一個什麼樣的世界？這是我回來後常常在心裡問自己的問題，而這個答案需要我們共同來作答。如果我們不能保證給孩子們一個絕對的未來，那至少，應該給他們面對未來的思考能力與勇氣。

宜珉是我的大學同學，這些年來，我們都在溝通這件事上下了很大的工夫：我在主持工作與人生體悟中實踐用語言來溝通與療癒，她則一直努力地幫助新手爸媽與還不會使用語言的孩子們互動，也幫助人初千日新生命認識這個世界。當她邀請我爲新書寫序時，其實我有點惶恐，畢竟在與當爸媽的朋友們聊起教育議題時，有時朋友會以「妳又沒當過媽媽，妳不懂啦！」作結，而我也就摸摸鼻子、「惦惦」看著那些朋友繼續完成自己的旅程。但宜珉跟我說：「這本書我想傳遞的想法是，當一個人孕育新生命時，就是和寶寶、和童年的自己、和現在的自己，也和未來的自己溝通的時刻。」我想，我沒有當過父母，但我有當過小孩，也有用溝通的方法療癒自己與他人的經驗，那我就來看看「人初千日」能教會我什麼吧！

在書的開頭，我就被一段話深深打動了：「媽媽，妳夠成熟來愛我了嗎？妳準備好要愛了嗎？甚至是妳會愛嗎？」這段話要是改一下，把媽媽換成自己的名字，其實適用於任何情境，我彷彿聽到自己的內在小孩也在心裡低吟這幾句話。

沒有人天生就會當爸媽，我看著自己的父母與我身邊的父母們，都是邊做邊學。而我非常贊成宜珉說的「寶寶才是你在教養這條路上真正且唯一應該聽從的專家與老師」「你的專家就在你家」。很多父母看著別人的小孩，常心想：「他爸媽是怎麼教的？怎麼可以教得這麼好！」而當你把SOP走一遍後發現，咦？奇怪，怎麼到我們家後就不適用？到底哪裡出了問題？事實是，你的小孩跟他的小孩是完全不一樣的人，成長在完全不一樣的家庭。教養不是工廠，孩子也不是機器人，絕對沒有一種教育方式是萬靈丹，一試即中。

當旁人說：「啊，我以前都是這樣教小孩，他不是也長得好好的？」但，別人的小孩不是你的小孩！你是這個世界上獨一無二的存在，你的孩子當然也是。如果在你成長的過程中，大人們都有好好地讓你做自己，是不是就不會有這麼多的遺憾、拉扯與創傷？而成人在與人初千日孩子相處的過程中，真的應該想的，不見得是「我就是這樣長大的」，而是「如果能重來一遍，我希望能夠被怎麼對待」。

於是就像宜珉說的，在教育下一代前先建立自己、讓自己「升級」。人初千日不只是為了孩子，更是給父母一個為人生重新「坐月子」的機會。而這本書提供的就是一些簡單工具，讓你能聆聽孩子，也能聆聽自己。

舉一個簡單例子，宜珉在書中提到「建立睡眠模式是種賦權，幫助寶寶漸漸建立起可以受用一生的能力」。我忍不住發訊息問她，是什麼能力啊？她說：「睡眠這種能力牽涉到腦幹的一個功能，簡單說，就是腦幹有個像是小開關的設計，能切換睡和醒的狀態。想掌控其精準度，人初千日階段的練習經驗可說是十分重要，如果爸媽能被妥善引導，也因此能妥善引導寶寶建立這種能力，教育做為一種賦權，就能幫孩子建立起這一輩子受用的身體自主控制能力。」

如果我成長的時候，有人能有意識地幫我建立這種能力，我是不是長大後就不會為失眠所苦了啊？能好好睡覺，絕對是父母送給孩子的一份堪用一生的大禮！

賦權，是的，賦予孩子成為最好的自己的權利，同時你也會得到成為最好的自己的權利。而當他能成為最好的自己時，無論這個世界如何變化，他都能如如不動地站在自己的中心。那是除了生命外你能送給孩子最好的禮物，同時，也是給你自己的一份大禮。

（本文作者爲主持人、作家）

推薦序

與孩子建立眞正愛的關係，而非愛的控制

劉沂佩

這是一本讓爸爸媽媽們得以順利展開新生活的書籍。

以色列社會學家奧爾娜．多娜絲（Orna Donath）曾對生過孩子的女性，做過一份調查研究：「如果帶著現有知識和經驗回到過去——妳願意再當一次媽媽嗎？」

讓人驚訝的是，後悔當媽媽的比率高出預期。

在現有的教育中，鮮少看到教導媽媽們與不會說話的寶寶們溝通的方式，導致溝通的過程中產生許多失落、沮喪、苦悶，以及矛盾的經驗，進而害怕當母親，卻又不敢說出口。

因此十分高興這本書的問世，解決了爸媽們的困擾。書中教導父母如何與寶寶們溝通，建立眞正的愛的關係，而非愛的控制，讓新手爸媽或者是協助的保母老師們，可以帶著新型態的知識，去創造不一樣的愛的旅程。

（本文作者爲靜宜大學推廣教育部主任）

前言

滋養孩子人初千日，也爲你人生重新定錨

孕育生命是女性一生中面臨身心靈如排山倒海般最受衝擊的時刻，每個母親在直覺上都會感受到一個從未覺知過的新的自己。

這種感受來自這是人生命中的重要轉捩點，妳所經歷的一切、做出的所有決定，會引導妳在命運交叉路口走向不同的平行時空——妳會遇見當年處於人初千日的自己，將爲人母的妳或許會開始同理母親當年孕育妳的衝突、掙扎或滿足；妳會瘋狂搜尋衆多現在「自己」的定位；妳的身體裡還孕育了一個滿載妳基因的嶄新「自己」。

這種種感受讓妳感到自己就像一個新生命，一個新誕生的母親角色，跟孩子一樣需要許多滋養才能成長茁壯，長出妳獨一無二的母親樣貌，也才有能力滋養妳的寶貝，編撰獨一無二的生命密碼，或許也滋養妳內在的孩子，療癒她曾有的所有傷痛。

然而經歷這一切從不容易，更不是妳可以或應該獨自面對的，整個人初千日家庭都是妳的愛的能量源頭，卻也是妳的修煉場。而每個人初千日家庭都是社會共同的責任，在這個經濟消費、社會互動、生活模式都突然巨變的關鍵時刻，人初千日家庭的每個人，都面臨「危機就

是轉機」的決定性關卡，這關卡自有人類以來就一直存在，只是人類生活越來越朝向都會化、資本化、網路化，關卡更是空前嚴峻。傳統的傳宗接代束縛似乎不再，但鬆綁的同時其實也失去了支持力，而從生命意義追尋上所產生的嶄新定錨點卻還飄搖不定，於是在網路資訊海中迷航、在人生追求中浮沉的人初千日家庭與母親數量之多，幾乎已達歷史新高。

你我都是社會的一分子，不可能不受人類共創出來的社會共業影響，在改變的契機出現之前，都得接受這個世界的樣子，但我們卻可以選擇回到原點，重新為人生定錨，去追尋人初千日本該帶來的成就感與幸福感，才能在社會合唱的共鳴中，仍不失去自己的聲線。而人生定錨點不可能從各種專家的外部威權獲得，只能透過自己瀏覽資訊、消化成知識並內化為智慧的過程中，產生內在權威來得到。所以作為母親或父親的你我，永遠不變的學習對象應該是寶寶，那是生命之神派來引導我們的專家與上師。孩子對我們不離不棄、無條件的愛，就是最溫柔而堅定的指導，而我們得練習以傾聽（**Listen**）、觀察（**Observe**）、珍視（**Value**）、賦權（**Empower**）的「LOVE原則」來謙卑地向他們學習。

這本書不是你想像的傳統教養建議書，我沒有打算教你怎麼當爸媽，我最想做的是用務實的方法支援你長出一些內在力量，來滋養母職之路與人初千日家庭，讓你知道你一點都不孤單。

我想透過本書帶你探索人初千日「六大STEAM教育」，幫助你「好好的吃、好好的睡、好好運動、好好按摩」，慢慢地發展出父母的「四大智能」，進而滋養寶寶「八大關鍵發展」。只要有這樣的人初千日覺醒，妳就是夠好的母親，更是妳的寶貝所渴求的最好的母親。唯有如此，我才覺得對得起因這本書而被砍下的珍貴大樹，對得起你珍貴的閱讀時間。祝福你在擁抱寶貝、擁抱新自己的同時，也擁抱了內在那個人初千日的孩子。

CH 1

人初千日
覺醒的意義

「人初千日」是指一個人類寶寶，從在媽媽子宮正式受胎著床開始後持續一千天，換言之，包含整個孕期直到寶寶大約二到三足歲。這段期間的寶寶無論從哪方面的發展來看，包含**人初千日的大腦、神經、生理、動作、社會、情緒、認知或語言發展，都是人類一生三萬多天日子中最重要與關鍵的一個階段**。

值得注意的是，當一個家庭準備迎來一個人初千日的新生命，也等於同時處在人初千日新家庭誕生的階段。

每個人初千日家庭都有共同的經驗：此時家庭會發生很多前所未有的衝突性變化，像是經濟消費行爲、社會互動對象、生活作息模式都和以往有很大的不同。就像一個原本平鋪直述的故事，突然來到了彷彿命運十字路口的轉捩點，是這個家庭生命的「轉骨期」，能否順利過關，找回人類從古至今一直追求的成就感和幸福感，端看這階段能否轉型成功，生出智慧來擁抱生命中所有美麗與哀愁，並轉化爲生命養分。

正如亞里斯多德著名的故事三幕劇理論，一個好的故事一定有3個C：角色（Characters）、衝突（Conflicts）和改變（Changes），而改變的方向，決定於第4個C：催化劑（Catalyst）。人生就是一個個故事的角色，面對種種變化的衝突危機的過程，而人初千日覺醒就是決定人生改變方向的催化劑。

現在的你正站在這關鍵點上，我想用這樣的覺醒，讓人初千日家庭裡還有點茫然的你，找回失落的成就感和幸福感，在爲寶貝的人生定錨的同時，也有機會重新爲你的人生定錨。而你將會看到，在人初千日覺醒運動中，最深刻的核心就是愛（LOVE）——一種很特別卻其實深藏你心底的一種愛，包含了傾聽（**Listen**）、觀察（**Observe**）、珍視（**Value**），與賦權（**Empower**）的愛。而且在這場覺醒運動中，我也將提供你一些務實的日常方法，讓你生出和過去不同的智慧，點亮你的人初千日家庭生活。

那麼，接下來，就讓我們一起來探索這個屬於你的，屬於我的，更屬於整個社會的人初千日故事。

自古以來最充滿張力的故事往往是眞實的人生故事，人初千日家庭故事尤其如此。所以在這個覺醒開始之前，我想讓你先看看以下這個眞實的人初千日家庭故事，看你是否也找到自己人初千日人生故事的影子。（注：更多故事分別在之後每個章節與你分享，但故事內容和章節內容不一定直接相關。所有故事除名字使用化名外，都是眞實的人初千日家庭故事。）

人初千日真實故事：
人生的驚喜不會事先打招呼

雨珊是台北市的銀行上班族（三十二歲），和擔任同間銀行主管的先生明峰（三十五歲）今年結婚，兩人愛情長跑六年，終於決定在今年認定彼此，完成終身大事。其實兩人在穩定交往期間，就常被周遭親友問到何時結婚，親友的關切壓力雖也是兩人決定結婚的驅力，但最主要還是因為肚子裡的寶寶。

雨珊和明峰的原生家庭分別在竹南和嘉義，兩人是因為讀大學才搬到台北。穩定交往一段時間後，為節省租金，一起住在新北市一間公寓，過著甜蜜溫馨的兩人生活。兩人雖然本就不排斥結婚，但是生孩子從不是選項，除了覺得雙北市生活費用高漲、有孩子後生活品質恐怕無法維持現況外，兩人已經習慣頂客的雅痞生活，也從沒想要主動改變，所以一直謹慎地避免孩子到來。

但人生的驚喜有時是不會事先打招呼的，雨珊發現自己懷孕了，或許是先天母性的驅使，雨珊決定和明峰一起挑戰人生下一個篇章。他們籌備婚禮，辦理結婚，但除了一般新人的喜悅外，這對新人在籌備婚禮的過程，還要多一分迎接家庭新成員到來的準備。

雨珊和明峰的薪水還不錯，雖無法得知確切數字，但絕對足以維持兩人的生活品質。雖然平時工作忙碌，身為主管的明峰也偶爾需要出國開會，但要維持甜蜜浪漫的兩人世界，偶爾用點奢華元素來妝點生活是不成問題的。然而面對六個月後即將到來的人生，即使還是有著迎接新生命的幸福與期待，但焦慮感卻是兩人間偶然引爆的不定時炸彈。

雨珊不願留職停薪，大學畢業就以優異成績考取銀行工作的她，從沒把自己想像成一名家庭主婦。她喜歡工作上的成就感，也喜歡兩人早上一起搭車上班的幸福感。她已經試著打聽幾個附近的托嬰中心和保母，但明峰明確表示他不信任其他人照顧，兩人常一談到這個問題就忍不住爭吵。雖然交往多年也有過大大小小的爭執，但小倆口很明確的知道這回很不一樣。

明峰媽媽對於即將到來的孫兒倒是非常期待，曾主動表明願意把孫子接回嘉義照顧。明峰也主動和雨珊提過請媽媽暫到台北幫忙照顧寶寶的想法，但雨珊兩種做法都不喜歡。她不想和寶寶長時間分離，只做假日父母，也不想突然得面臨和婆婆一起生活的壓力，當然更害怕和婆婆間的教養觀差異會是隱形炸彈，這讓兩人爭執的機會越來越多。雖因愛情長跑多年的感情基礎讓兩人目前尚能和解，但這些懸而未決的各種問題，總讓他們兩人心中對未來增添隱隱不安……

人初千日家庭：三個世代故事的交會點

你在以上的故事中看到自己了嗎？在故事中感到熟悉的茫然或窒息感嗎？如果是，想必你也站在這高壓的十字路口。當家庭升級爲人初千日家庭時，往往是我們這些平凡的「角色」，處在人生考驗排山倒海而來最「衝突」的時刻，你的作爲會決定接下來的「改變」。

所有人都知道，故事一定要高低起伏才會精采，但在經歷這一切時，你能否有足夠的支持力量、充滿韌性地挺過去？有些人會把過程留下的痕跡當成永不結痂的傷口，有些人卻可以把傷疤視爲光榮印記，當一切成爲過去，你不可能扭轉，只能與之共存，讓他們變成你的一部分繼續走向未來。而你可曾試著用力擁抱所有的曾經，在這些土壤中長出更美麗的人生花朵？

人初千日是一生中最初也最重要的階段，人初千日家庭的故事更是三代故事交織的場景。尚在肚子中的寶寶，雖還沒具備爲自己撰寫太多故事的能力，但此時發生的一切卻會影響未來人生的故事發展；在故事中負責做決定、發揮最大影響力的妳，也正在寫自己人生故事的一部分，妳怎麼爲自己寫故事，除了影響寶寶一生一世，也影響了妳未來的人生情節；當然，在這故事裡，還有很多妳母親的影子，也就是當妳還處在人初千日時，妳的母親爲妳、爲自己做的決定，都影響了現在的妳。

這是世代故事場景穿越的關鍵神奇時刻，交織過去、現在與未來。所以我希望作爲故事主角的你，在無比壓力下，仍試著用雀躍的心來看待現在所處的歷史性階段。這正是人初千日覺醒的開始。

你的人生追求：找到成就感與幸福感

覺醒的第一步是確認人生的追求。你的人生在追求什麼？或許你有許多不同答案，不過我大膽歸納，你一生其實都在追求「成就感」和「幸福感」這兩種關鍵感受，這幾乎可說是人類自古至今從沒變過的追尋目標。

原始部落中，當人類克服大自然挑戰、獵取豐盛獵物與家人一起享用，就會在飽足中獲得滿滿幸福感；當你的狩獵技巧特別出衆，贏得族人的崇拜與尊敬，就會得到滿滿的成就感；即使到了網路時代，社群生活中「討讚」與「討拍」仍是網路行爲的大宗。人類在大腦獎勵系統的運作之下不斷重複以上行爲。

要升級爲人初千日家庭繼續寫下精采的人生故事，前提就是「生兒育女」。生兒育女表面上似乎和柴米油鹽一樣尋常，但你是否想過，若有機會生兒育女，無論你自覺是溫拿或魯蛇，從人類演化角度來看都是非常難得且不容易的一件事。這代表從你開始往上計數的所有先祖們，在地球這艱困、充滿天災人禍的生活環境中都挺過所有困境，來到具備生育能力的年齡並找到伴侶成功孕育下一代，讓你身上的基因得以傳承下去，在演化上你已是出奇的成功者了。

即使不從演化長河的宏觀角度看待，只單從一個人的人生來看生兒育女，仍無疑是一大高潮。你將因爲這次經驗成爲完全不同的一個新的你，這不只是挺過大社會的衝擊、協調家庭小社會的一切，安放自己的心，和過去、現在與未來對話這樣個人的事，還是一個「用生命成就生命」「用生命滋養生命」的宏大志業。有這番能耐的你已是了不起的人生CEO，是難能可貴的大成就，值得所有人爲你喝采，讓你成就感爆棚。但你的眞實感受眞是這樣嗎？

相對其他動物，生殖只是個原始本能行爲，只爲滿足物種延續的演化需求而存在，但對人類來說，生兒育女作爲生命循環中一個重要環節，歷史上各個年代的哲人在這主題上總不乏各種「追尋生命意義」的探討。

人類既是動物也是人，因此，當人類漸漸遠離自然部落，生活在現代社會的我們面對生兒育女這件事時，就經常在「物種延續行爲」和「生命意義追尋」兩個面向掙扎不已，對生兒育女的困惑感也越來越多，或許已達到人類歷史上的高峰，遠多於我們過去先祖感受到的生存壓力。特別在大量資本化、都會化、網路化影響下，社會變遷快速，生活方式的改變快得幾乎讓人無法喘息，生兒育女不但難以讓我們靜心感受生命狂喜的幸福感，有時反而更懷疑人生。

迎接子代來臨似乎已經脫離自然界的生命循環迴圈，也越來越少人看見子代生命屬於親代生命延續的面向，越來越多人開始把自己的人生和身邊其他人的人生，當成一條條不相關的直線，即使是和自己子代的生命之線，都覺得只是偶爾交會，找不到太多意義，更找不到連結。

因此，別說越來越多人的人生故事藍圖中早已沒了生兒育女的情節，萬一這情節不受控地意外報到，也不容易察覺到這生命經驗內蘊的力量，反而感到一種空前的寂寞感，加上過去實體社群在教養上扮演的支持力量不再，養兒育女在現代生活中比起其他像是工作或娛樂這些事，也似乎更難以找到成就感和幸福感，特別當寂寞的現代人已經習慣在網路社群的虛擬世界獲得立即卻廉價的回饋，還有多少人能靜下心感受孕育生命作爲生命循環這件大事所唱出的生命禮讚？再者「傳宗接代」也不再是連接束縛我們的宗族任務，我們和孩子之間的連結很容易斷片，所以當孩子的到來帶來人生情節的衝突，我們常連自己是誰都找不到了，更遑論思考「創造宇宙繼起之生命」的意義。

接下來書中種種人初千日覺醒，就是企圖爲你的人初千日家庭故事催化出正向改變，爲你找回本該有的成就感和幸福感。

帶來成就感與幸福感的愛

爲了讓你找回應有的成就感與幸福感，我想先邀請你搜尋，在你和所有人初千日家庭故事的困頓掙扎氛圍中，有沒有漏掉什麼關鍵鏡頭，足以讓整個故事呈現完全不同的視角，產生精采的改變？讓生命的震盪變得不那麼令人害怕，反而充滿希望？

有的，那就是愛，孩子對我們的愛。

是的，你沒看錯，不是一般人習慣強調讚頌的偉大父母之愛，而是孩子對父母的孺慕深愛，來自那個在肚子裡可能連模樣都還沒長齊的孩子，從在你的身體萌芽開始就已深深愛上了你。這種愛的濃烈程度遠超乎你想像，更可能讓三代交會的人初千日家庭故事產生截然不同的發展。

現在的你就和書中所有人初千日家庭一樣，人生因爲孩子到來而有所衝突，就像來到一個交通要衝的路口，必然產生變化，面對未知的未來徬徨焦慮。或許你們看起來都擁有不同的生命故事情節與家庭關係，新成員的到來對你們都有不同的意義和影響，但所有故事都有個不容易看到的共同點：這名新成員從一開始加入你們生命之初，必然就會毫無選擇、無可救藥地在第一時間愛上你們。而這一生只可能出現一次的濃烈的愛，如果也獲得你們以愛加以回應，將可能改變他與你們的一生。

對剛降臨的小生命而言，無論他是爸媽殷切期待或意外到來，無論爸媽視新生命爲希望或負擔，無論新生命到來的過程是一切平順或各種坎坷，新生命都沒有選擇地會立刻深愛著孕育他的這個「女人」，也就是所謂「生物性母親」。如果一切順利，這份愛將會成爲再去愛其他人的力量，成爲生命中最重要的靈魂，因爲這是每個人人生中最深刻的一段「初戀」。

無論初戀的對象，也就是孩子的母親，是否就是那個做好充分準備的Mrs. Right，這分「初戀」的情感之深超乎你我想像，更從此刻起，兩個人的生命故事就會永遠糾纏於連結與獨立之間，即使不相見也無法割離，因爲不管喜不喜歡，你們注定屬於彼此。

作爲人初千日家庭故事的主角，在面對衝突後會產生什麼改變，端看你覺醒的程度。當這樣的自我覺醒配合整個社會的覺醒，更決定了你我是否能找回那原該屬於人初千日家庭的成就感與幸福感。

如果這樣對愛的描述，還不能讓你低下頭來親吻懷裡那個孩子、謝謝他爲你帶來的全新生命篇章，那麼接下來我要進一步和你談談這些亙古的「初戀」，以及屬於寶寶雋永的人初千日故事。

人初千日覺醒：接受生命課題，一切順其自然

雨珊和明峰自從接觸人初千日課程之後，了解自己不一定要依照教養網紅的標準來養育寶寶。他們彼此妥協，在社區找到一位時間彈性的保母協助日間托兒，晚上則由小夫妻自己照顧寶寶。明峰的媽媽每星期來和他們住五六日三天，星期五晚間是三代同堂時光，星期六、日則由奶奶主責照顧寶寶，讓小倆口有機會和往日一樣享受兩人世界的休閒時光，或偶爾全家出遊。他們都很感恩奶奶的幫忙。目前人初千日生活適應得越來越好，兩人也不排斥再迎來二寶，一切順其自然中。

CH 2

人初千日如此重要，也如此脆弱

人初千日真實故事：是你變了嗎？

小波出生八個月了，矯正年齡五個月，她是早產兒。

小波的媽媽安安大學畢業兩年後，二十四歲就結婚了。先生偉旭三十二歲，中小企業主，從事女性飾品批發。安安因購買商品和先生認識後，很快步入婚姻。婚後安安沒有出去上班，在家中從事兼職網拍，偶爾到先生公司幫忙部分理貨工作，新婚生活過得也算愜意，年齡差異讓偉旭對安安疼愛有加，連安安的媽媽都盛讚安安嫁對人了。

婚後不到半年，安安懷孕了，對肚子裡的小生命充滿各種美好的幸福想像。她從小是備受寵愛的獨生女，也想用一樣的方式愛著自己的寶寶，偉旭和原生家庭全家更是喜出望外，這是整個家族第一個第三代，偉旭三十八歲的大姊是典型不婚族，工作表現一向傑出的她常跟安安開玩笑，說要包一個大紅包給小寶寶和安安，因為這小寶寶解除了她一直被長輩催婚和催生的壓力，是整個家族和大姑姑的小貴人。偉旭爸媽談起寶寶更總是笑得合不攏嘴。

這種幸福感在懷孕二十九週時被打破。安安當時一如往常地完成產檢，所有結果完全正常，但某個週日下午兩夫妻在餐廳吃飯時，安安卻感受到前所未有的腰痠感。本以為是身體太疲倦，偉旭載安安回家休息，腰痠卻越來越劇烈，甚至開始疼痛。安安打電話給媽媽，在媽媽堅持下回產檢醫院掛急診，內診時發現安安已子宮頸全開，本來希望採緊急方式看是否能多撐幾天，降低早產兒各種併發症風險，但最後卻破水，小波迫不及待地來到這世界。

安安還沒來得及感受第一次當媽媽的喜悅，就先面對接踵而來的挑戰。偉旭當晚熬夜在醫院陪伴安安，但星期一一早得先回公司面對繁忙的工作，趕來醫院接替陪伴的外婆看到還像個孩子的寶貝女兒面對這一切，母女倆在醫院裡抱頭痛哭。

剛出生的小波體重只有一千四百五十公克，身長也只有三十七．五公分，只比成人手掌大不了多少；因肺部尚未成熟無法完全自主呼吸，需要住在加護病房保溫箱，渾身插滿管線，眼睛也被眼罩遮蔽起來。

安安產後沒多久就被帶去探視小波，她回憶說，永遠無法忘記看到小波第一眼的感受，因為當時的小波沒有一處看起來像她想像中那個白胖可愛的寶寶。

安安本來已經預約一間月子中心，但因提早生產沒有房間入住，又需常回院探望小波，便改由媽媽為她在家坐月子。但伴隨產後荷爾蒙變化的影響，母女倆往往說著說著就又開始一起痛哭。安安每次到醫院探望，看到小波連吃奶的簡單動作都做不好，雖然醫療人員給予很多幫助和建議，那些日子的煎熬，讓安安覺得自己的人生一瞬間從快樂的小女孩長成成熟的小婦人。

偉旭也很明顯感受到這樣的轉變，過去快樂的小女孩現在有很多主見，總獨力帶著小波參加各種針對早產兒的團體和課程，在臉書上分享育兒點滴。偉旭雖然很肯定和感謝安安努力配合醫療專業人員，讓小波幾乎沒有早產兒併發症，卻對安安一直參加各種團體填滿生活的方式不以為然，最不能接受的是，每當兩人對此有所爭執，安安就用課程中學到的詞彙，說他是爸爸產後憂鬱症。

這天安安和偉旭口角後，又在臉書上發長文抱怨偉旭是個豬隊友，安安的臉友們紛紛留言相挺和轉載各個網紅的文章，讓偉旭心裡更不是滋味，乾脆一整個晚上都留在公司處理工作。安安也覺得偉旭變了，不再是剛結婚時那個溫柔體貼的老公……

孩子對父母的愛是一生的初戀

日本婦產科醫師池川明在《媽媽，我是爲你而來的》一書分享，從懷孕開始，孩子就想和父母建立起牽絆。專攻胎內記憶、出生記憶的他，經由對三千五百名孩童所做的問卷調查，在書中透過寶寶口吻向媽媽喊話：「我是爲了跟媽媽說我最喜歡她，才生下來的。」「是我選擇了爸爸和媽媽的。」孩子的這些話療癒了無數媽媽的心，也讓人明白親子之間的連結有多深。

沒錯，你是這樣被深深愛著的。很感人吧？雖然，我對胎內記憶的認識不像池川明醫師那麼深，卻對人類寶寶從胎兒階段開始、那分對媽媽深深的依戀一點也不陌生，因爲這就是我們一生的「初戀」，這樣的初戀之「愛」是一生的基礎，也爲人初千日階段帶來有如「定錨（anchoring）的作用——就像海上漂泊的船隻，定錨的位置會決定移動的範圍，將影響你一生。

爲了讓你更了解「爲人初千日定錨」的重要性，讓我們先認識這特別的「初戀」。

我曾在課堂上問過無數聽衆：「記得你的初戀對象嗎？」有趣的是，無論聽衆的年齡層大小，我總能看到台下聽衆那種夾雜著甜蜜、酸楚和懷念的特殊表情，每次都不例外，若我有生物測量儀，大概能蒐集到不少心跳加速、血壓上升的生物指數。我很享受欣賞這複雜的表情，總想像他們心裡永遠有一個位置留給她的王子，或是他那些年我們一起追的女孩「沈佳宜」，但我很清楚他們腦中所回想的一切，其實都不是他們眞正的初戀。

眞正的初戀，發生在他們都還不自知時，也就是人初千日階段，而愛上的對象則必然是自己的母親，且肯定是一見鍾情。

青春年少時的初戀（無論成功或失敗）之所以難忘，是因爲我們第一次有機會練習對於「愛情」的想像，並藉此訂下屬於自己的愛情規則。這些規則包含學習「給予愛」與「接受愛」的方式，奠定了未來面對更多「愛情」時的「基模」，也就是我們往往在愛情實習過程中建立心目中那個愛的樣貌。但在各種愛的表象行爲下，很多人沒想過「愛情」其實是許多種荷爾蒙共拌的結果，心動和衝動不足以滋養一份完整的愛情，若最後不能漸趨於穩定的感動，慢慢成長，這樣的愛情不會長久。而讓愛情長長久久的荷爾蒙就是「Oxytocin」，我喜歡翻譯成「愛是同心」，這種沉澱激情轉爲溫情的化學物質，讓戀人們終於得以享受平淡中的幸福，欣賞包容彼此的美好與醜陋，找到獨一無二的歸屬感，可以說在這種荷爾蒙出現之前，你還沒體驗過眞正的愛。

「愛是同心」荷爾蒙存在所有形態的愛之中，也在人初千日階段就已深刻地影響你的社會與情緒發展，這些「愛」的感覺背後都有科學的身影，更存在許多生物本能。即使一開始轟轟烈烈，來自本能的愛也必須在各種磨合中走向「愛是同心」荷爾蒙充滿的階段，才可能修成正果，否則最後都可能成了「遺憾之愛」，只徒留各種愛恨交織的記憶，畢竟恨也是一種「很無

人初千日的定錨效應

「定錨效應」（anchoring effect）是認知心理學家阿摩司．特沃斯基與丹尼爾．康納曼在一九八〇年代提出的理論。我以「定錨效應」來形容這段人初千日的初戀，正是因為初戀的效應不管好壞，確實會或偏差或也決定性地影響人類未來一生面對人生的態度。

人生的定錨點，就是人初千日所感受的愛（或不被愛）的關係，這也是為什麼心理學上特別重視童年經驗，因為童年的錨點一生只會發生一次，卻決定人類的一生一世，這正是人初千日的覺醒這麼迫切的主因。

以另一個生活化的例子來比喻人初千日，就像蓋房子時的地基，當地基扎根越深，房子才有機會蓋到相對的高度，且一旦起造房子，就不可能回頭打地基，只能在原有的基礎上建造；若地基不夠深，即使之後建材再堅固耐用，裝潢設計再美輪美奐，也仍舊是棟隨時可能坍塌的危樓。

人生本來就是一個充滿高潮迭起的故事，當生命中遭遇危機時，究竟能學習修正後化為轉機？或是從此一蹶不振？人初千日階段的錨點和地基有著決定性的影響。

力地愛著」的表現形態，這或許也是初戀最不容易又刻骨銘心之處。

談了你以為的那種初戀後，接下來要和你談談眞正的初戀。眞正的初戀早在你出生那一刻（甚至更早，當你還在媽媽肚子裡時）就開始，那才是眞正影響你我一輩子面對各種愛的態度時看不見的那隻手。

從呱呱墜地那一秒鐘起，看似脆弱無助的人類寶寶就會以一種敏銳無比的雷達，搜尋他在肚子裡早已熟悉的那個人，寶寶的第一位「摯愛」——他的媽媽，且不帶一絲懷疑地愛上她。這個行為就像剛破殼而出的小鴨子，會尋找第一個會動的物體作為依附對象（又稱「銘印現象」〔imprinting〕）。這種尋找生命出路的物種本能，也一樣讓人類寶寶無所選擇又瘋狂地愛上自己的母親。

剛出生的寶寶面對媽媽，就像初嚐愛情滋味時的你我，面對戀人時，被強烈的感情淹沒，常失去理智，心理無時無刻不記掛著他（她），總渴望時時刻刻在身旁，不願意對方的注意力被任何人事物所分散，無法信任對方會永遠存在，稍有風吹草動就忍不住哭鬧爭吵，彷彿永遠學不會當一個獨立又懂事的戀人。就像詩人說的，在愛情裡總遇見最糟和最好的自己，主要是因為這行為是一種還沒有學習過的「不成熟的愛」，來自「生物本能」的愛的方式。這種強烈還帶著負擔感的愛，並不見得每次都能得到戀人等值的回報，就像很多不成熟的初戀不易成功一樣，有時因為另一半的回應方式，我們變得壓抑、失去自我、不知所措，美好的初戀終究成了單戀、錯戀或失戀。

這不完全是誰的錯，就像初戀經驗值不見得都是美好的，當中有太多因素攪局，但在與寶寶這段眞正的初戀關係中，喚醒已成爲爸媽的你我對寶寶這份「初戀」的意識和覺醒卻刻不容緩。這會讓爸媽對寶寶出自愛的本能的不成熟行爲產生更多同理心和包容力，進一步確知自己的任務，也就是當一個有比較成熟之愛能力的「另一半」。

但請留意，我並非試圖告訴你作爲爸媽就得完全複製寶寶愛的方式，把所有注意力完全投注在寶寶身上，無時無刻黏在一起，來回應他們的愛。我會在後面的章節分享更多錦囊妙計（父母四大智能），告訴爸媽作爲寶寶人生中「愛的前輩」，該如何學習更有智慧地扮演好前輩角色，並深化教養的素養以產生更多思辨力，讓你能在和寶寶愛的關係中，一起讓愛的行爲昇華得更成熟。

在此我想先讓你理解，寶寶那不成熟但濃烈的愛，背後隱藏的科學性和生物性理由，畢竟，我們總希望寶寶的初戀不論成敗，都可以作爲他再次去愛的養分。

從科學性與生物性的角度來看，人類寶寶之所以對媽媽有這麼深刻的依戀，是出於物種求生本能，此時他對你的愛恐怕遠多於你對他的愛，你只是不夠了解而已。

跟其他動物比起來，人類寶寶日後要面對的社會複雜許多，所以慢慢演化出龐大的腦，以強大學習力來應付生活所需。但人類生活之所以複雜，也是因爲演化過程中人類捨棄了四足著地走路的方式，空出越來越靈巧的雙手來創造人類文明。但這兩種演化不能兩全，直立走路雖讓人類空出雙手創造高度文明，卻也讓女性骨盆腔不能再大了，因爲再大一點，負責孕育生命的女性就難以繼續保持直立姿勢的平衡，得回到四足走路的退化狀態。若不想每次都因胎兒的大腦袋造成難產，威脅生命，人類寶寶就得被迫在「只懷孕十個月」時，以腦袋還是「半成品」狀態之下離開媽媽子宮，來到充滿挑戰的世界。這也是爲什麼人類寶寶出生後，無法像大多數其他動物般沒多久就能脫離親代獨立行動。在特別漫長的童年期，每個人類寶寶都需要處處仰賴親代成人，無論是母親或家人，且確保所仰賴的對象是可信賴的，才有生存機會，愛與依賴因此成了人類寶寶求生存的本能。

而寶寶半成品的腦在子宮外繼續發展，腦部因此對環境十分敏感，科學家慣稱這種敏感度爲大腦的「可塑性」。「可塑性」這種演化結果有優勢也有劣勢，優勢是寶寶的腦和身體會因應子宮外環境中的種種輸入經驗，發展得更有能力適應環境；但相對的劣勢卻是，萬一這時寶寶運氣不好，不幸遇上惡劣環境，遇上不值得信賴甚至會傷害他的成人，完全沒有能力獨自逃開的寶寶，卻仍無法不「愛」著這樣的成人，用這種「殘缺的愛」的負面方式來理解環境，即使能幸運長大，也會帶著深刻的傷長大成人。

寶寶這個人類半成品會因環境中的人、事、物而影響最後成品的狀態，關鍵就在人初千日這個人生最重要也最脆弱的階段。

人初千日的重要性

在已開發國家人類的平均壽命已達到八十歲，人一生如果夠幸運，能活平均大約三萬天，而人初千日在這條人生長河中的比例雖然只占百分之三，比重之重卻是影響深遠。

聯合國世界衛生組織（WHO）曾在二〇一三年推出的白皮書中直接提到「第一個一千天」（1st 1000 days），各國各界專家更直言強調這段時間的重要性。聯合國所屬兒童基金會（UNICEF）繼而在許多開發中國家，推出各種「第一個一千天」的相關計畫，其中主要計畫都和胎兒與嬰幼兒營養相關，就是因爲知道這階段對一生的影響層面之廣，希望確保所有處在此階段的胎兒（透過孕婦照護計畫）和嬰幼兒，不會受到區域貧窮或親代貧困等不利因素影響，至少在營養這最基礎的層面上仍能獲得足夠保障。

聯合國一直以營養面向爲出發點來探討「第一個一千天」的重要性，單從寶寶外型成長上就不難理解：小寶貝從一個肉眼都看不見的小小受精卵，成長發育到出生時體重大約三千公克，身長平均五十公分，五個月體重就變成兩倍，一歲時身高增加五〇%；而到了大約二到三足歲，也就是人初千日尾聲時，身高更達到平均九十五公分，體重平均十三公斤；這樣的倍數變化是一生中其他階段望塵莫及，也難怪聯合國「第一個一千天」計畫特別重視營養需求。

人初千日除了生理成長上改變之大獨步一生外，還有更多超乎想像的特別之處。在之後的章節中，我會以更詳盡深入的方式幫助你從大腦與神經發展、社會與情緒發展、生理與動作發展，以及認知與語言發展各面向，來深入了解人初千日的地位。現在讓我們先從生活上幾個簡單層面，以平易近人的方式來初步認識，你可能從沒意識過的人初千日影響。

首先，請先和我一起想想看，從今早醒來之後，到你閱讀這本書之前，你記得自己說過哪些話嗎？或許你和家人道早安，討論今天早餐要吃什麼；你在迷路時向陌生人問路；你和同事朋友開了個小玩笑。以上可能都是你的日常，但你是否想過，這些你已經用了幾十年、也還希望再用上一輩子的說話能力，到底是什麼時候學會的？你或許早就不記得了，這些能力對你來說是那麼自然而然，彷彿早就刻畫在你的能力光譜中，需要時就自動出現，但其實這是在你大約三足歲之前，也就是人初千日階段就建立起來的！

根據嬰幼兒語言發展的研究，人類寶寶確實在大約三足歲前，就具備以還算流利完整的母語和身邊人溝通日常生活所需的能力。這些能力包含了理解別人說的話、發出被人理解的語句、參與符合情境的對話、了解「幽默感」這種比較精緻的語言使用方式等，當然還有更多的能力，將在之後討論人初千日認知與語言發展的章節探討。不過，相信你已經看出人初千日階段，在「說話」這個生活中再基本不過的面向上的顯著地位。

你或許會疑惑，難道過了這階段我們就無法學會說話了？當然，我並不是說這一生要用到的字彙都得在人初千日學完，在人生其他階段，我們仍有機會累積更多字彙，甚至學習其他語言，但因為語言學習牽涉非常複雜的腦部認知發展、社會互動基本結構的意會、口唇舌精細動作能力等，上述這些能力只有在人初千日關鍵期才能發展出來。而這時期寶寶的腦幾乎處於隨時隨地在環境中累積語言新能力的狀態，只有打好基礎，未來才有可能發展更多語言能力。這也是為什麼語言治療師都特別重視三歲前的嬰幼兒語言發展，並強調萬一不幸出現語言發展遲緩問題時，要由專家進行早期介入的必要，主要就是因為錯過了黃金期，再怎麼補救都是事倍功半。

如果「說話」這個生活化的例子還不足以讓你意識到人初千日重要性，接下來再請你思考另一個生活基本能力——動作能力。你每天進行各種追、趕、跑、跳、碰，以及動手從事各項技藝的能力從何而來？請一樣想想，從你今早起床，到閱讀這本書前，你總共做了哪些動作？你睜開眼睛；從床上坐起；走到浴室刷牙洗臉；走出門到戶外；騎車出門；打開電腦完成前一天還沒完成的工作；現在使用手指翻著書頁。你是否記得自己是從何時開始練就「這一身功力」的？恐怕你也不記得了，感覺好像自然而然成為你的一部分。但若你轉身看看那些剛呱呱墜地的新生兒，就會明確知道這些能力並非與生俱來，而是點滴累積而成。這些兒童發展學家所謂的「動作能力」，其實也是在人初千日階段慢慢學會的，學習方式也很微妙，幾乎是在沒有意識的狀態下，就在造物主安排中自然學會，而且要讓你使用一輩子；換句話說，你得在這一千天中獲得一生要用的所有動作能力。

再次強調，這並非表示你現在具備的各種動作技巧，包含騎車、打字等能力也是在人初千日階段學會，我想讓你了解的是，這些你天天需要使用的動作技巧背後，包括了兩種很重要的基本能力，分別是**「粗大動作能力」**和**「精細動作能力」**。

「粗大動作能力」是身體可以協調靈活地運用頭部、軀幹、骨盆和肢體等大肌肉活動的能力；相對的，「精細動作能力」是身體可以使用像是手部或其他部位的小肌肉，來執行需要精巧控制的活動技能。人初千日階段因爲大腦具有很高的可塑性，肢體的變化也非常巨大，幾乎可以用每分每秒都是嶄新的身體來形容。所以給寶寶很好的機會來演練使用肌肉骨骼，並把這資訊回饋到發展中的大腦，才可能建立起這些動作基礎。有了粗大與精細動作的基礎，未來學習各種動作技巧，才有無限潛能和機會。因此兒童發展學家才會非常重視這階段的動作發展檢核，若嬰幼兒無法做出特定的動作技巧，表示這些大小動作能力基礎沒有打好，這時就需要專業的醫療人員，像是物理治療師或是職能治療師進行早期介入。

這些例子雖然簡單卻和生活息息相關，也很好地說明了爲什麼只有處於人初千日階段的胎兒（包括孕媽咪）和嬰幼兒需要全面性接受發展評量，因爲科學家普遍認爲動物的童年期是面對未來人生的重要準備期。複雜的人生需要漫長的童年準備期，而這一千天又比廣義的童年期更爲基礎，因爲生命從無到有，到勉強稍具獨立能力的階段，必須在這一千天配備出各種足以應用三萬天的能力基礎。當然，人初千日這一千天需要建立的能力，除了說話和動作之外還有更多，像是認知能力、社會能力、情緒能力等，將在之後有更多討論。所有能力都要在備受滋養的狀態下才能妥善建立，這種「滋養」絕對不只是WHO強調的身體營養，更包含了心靈「滋養」，也就是之前提到：用愛回應寶寶的「初戀之愛」。

人初千日的脆弱性

但人初千日重要性眞的被所有人充分看見了嗎？若沒有再進一步探討人初千日的脆弱性，我們恐怕無法開始建立人初千日覺醒。

人初千日之所以脆弱，原因之一來自它的「不可逆」。即使現在的你已完全意識到人初千日有多重要，也興致勃勃地想爲自己的人初千日做點什麼，但無論你是皇親貴冑或販夫走卒，在時光機器發明之前，現實中的你已不可能再回頭去扭轉自己的人初千日。

另一原因是「不成熟度」。即使科技發達，人類眞的擁有回到過去的能力，你得以重回脆弱無力的人初千日階段，但對於要從父母端獲得哪種對待方式，你一樣無能爲力，因爲此時半成品狀態的你仍只能被動地仰賴父母照顧，帶著父母自己的童年影子，來面對你的人初千日。

可以看出人初千日寶寶在這個人生重要階段，幾乎只能完全被動地依賴當下所處的種種環境，包含人、事、物等各個面向。在此我要特別討論的面向就是「人」，也就是寶寶此時遇見的「重要他人」。人會受到環境中其他人事物的影響，也有機會主導環境中其他的人事物，往往人對了，一切就對了。但寶寶卻不見得總遇見對的人，因為這個寶寶的戀人不見得有充分準備的機會。要作為一個「媽媽」，你我都需要各式各樣想得到和想不到的準備，而正如前面提到的，其中特別重要的一項準備是，當寶寶表現出不夠成熟的愛的行為時，我們要能接受並回應寶寶這樣的愛，做一個「相對成熟」的戀人。

而我想在此為寶寶們叩問的是，「媽媽，妳夠成熟來愛我了嗎？妳準備好要愛了嗎？」甚至是：「妳會愛我嗎？」（在此先討論「媽媽」，單純因為生物性孕產只會發生在女性身上。在這裡或後面章節大多數的探討也同樣適用在「爸爸」角色，甚至整個「家庭」和「社會」上。只是現在請容我暫用「媽媽」來代表這個戀人的角色。）

我們都知道，在一般穩定的愛的關係中，每個人最渴望的都是「有點黏又不會太黏」的戀人。戀人們知道彼此是相互歸屬的，但也都各自擁有獨立卻交會的人生，殊不知這樣的愛是需要練習的，這愛的練習則需要時間慢慢醞釀。

寶寶剛出生時那分濃烈的愛，往往亟欲獲得立即回應，這當然也和此時所有需求都要依賴爸媽來滿足有關。此時的寶寶正不純熟但熱情地跳著愛之舞，而寶寶的「另一半」，也就是和寶寶「共舞」的媽媽，就扮演了極其重要的角色。如果當他笑，妳陪著他笑；當他哭，妳感同身受，就像眞正的戀人。你們渴望彼此的眼光交流、氣息相連；你們渴望款款軟語、相濡以沫、肌膚相觸；哪怕只是靠在一起發呆，也覺得這樣的幸福勝卻天上人間無數。媽媽此時就是寶寶在「愛的實習」道路上的學姐，一邊熟練引導著寶寶，自己也一邊增加教學經驗值。

但現實常是骨感的，愛往往需要條件，若沒有燈光美、氣氛佳的加持，至少需要兩個意志堅定的戀人才能修成正果。不過寶寶或媽媽卻不一定有著同樣堅定的意志，就像戀愛的眞相從不像愛情電影般唯美，生兒育女的眞相也不像寶寶海報上那樣動人，堅定的那方往往只有寶寶，更遑論這個媽媽可能還帶著之前愛的傷。

妳跳過雙人舞嗎？跳舞時若妳進一步，舞伴就得退一步，反之亦然。妳和他之間隱隱存在一種默契，不需要言語就知道下一步該往東或往西，這是成熟的愛的關係中才會呈現的樣貌。但初爲人母面對的各種狀態卻很容易淹沒新手媽媽，變成躁進或冷漠的戀人，忘了這樣的「默契」是無法來自任何父母經「教戰守則」，而是需要日積月累耐心培養，這樣的「共舞」才是眞正的愛。

不管哪種愛，從來都不該是一種獨白或是沒有共鳴的和聲。一個能參透這個「愛的共舞」人生道理的媽媽才有機會知道，即使在不愼踩腳的時刻，也將是人生寶貴的功課，也是生命可以轉出華麗舞步的關鍵舞台走步點。但要參透這一點相當不易，特別是高壓生活下各種「踩腳」情節之多，似乎已在歷史上處於新高點，消磨了成就感與幸福感。

這就是人初千日之所以既重要又無比脆弱的原因。希望你也因爲意識到了這個事實，而有機緣跨出人初千日覺醒的第一步。

過去、現在與未來的人生關鍵對話

爲什麼新手爸媽在人初千日家庭親子共舞的舞台上，會特別覺得「踩腳」卡關？現代爸媽獲得的教養資源不是空前地多？到底哪裡出了狀況？

這問題我將留待後面章節，從歷史、社會的角度進行更全面性的宏觀討論，現在我想先從個人生命史的角度，和你微觀地探討人初千日家庭親子共舞之所以對大部分人充滿挑戰的主要原因。

你現在應該清楚意識到，包含你在內，並不是每個爸媽在迎接新生命的那一刻，都準備好接受寶寶這麼濃烈的愛意與高規格的需求。這些爸媽自己處在不同的人生故事階段，但都共同面對了下一代人生中最關鍵、最高需求的階段，當然身上也都帶著他們自己的人初千日初戀故事跟愛有關的記憶，包含美麗的回憶和痛苦的傷痕，也就是心理學家常說的「童年影子」。因爲當年這些爸媽還在寶寶的階段時，他們的爸媽也不見得獲得充分的準備與滋養。我想在此再次強調看待人初千日的新視野：每個家庭的人初千日都是三代人生故事的交會點，也都是你的過去、現在與未來對話的過程。

接下來，我想用知名社會心理學家艾瑞克森（Eric H. Erickson）的社會心理發展論，來說明三代生命故事交會的意義，幫助你更認識人初千日的重量。

艾瑞克森依據一般心理健康的人格特徵做立論基礎，把人生全程視爲連續不斷的人格發展歷程。他指出，每個人無論生命歷程爲何，都會在八個不同的人生階段遭遇八種重要人生關卡。我把他的理論比喻成像是電玩打怪，這些關卡則是「生命危機」，危機的發生是因爲在這些階段需要完成某些人生發展任務，過程中會讓人面臨到兩極化的對立衝突，進而產生社會心理危機。如果能克服，就會在人格發展上得分，產生足以面對下一階段的人格資源；但如果失敗卡關了，在面對下個連續階段的生命危機時，就會有更大的心理危機，甚至無法完成下一階段的發展任務，一關又一關地卡住，直到生命終了。

如果你已經很熟悉艾瑞克森的社會心理發展理論，可以直接跳過這八個階段的介紹，閱讀之後的分析。

艾瑞克森的8個人生關卡理論

第一關 0到1歲：

建立希望（hope）的嬰兒期——信任vs.不信任

寶寶剛來到子宮外的世界，幾乎沒有獨立能力，最大生命關卡當然就是生存，所以此階段任務是發展出對生命中重要他人的「信任感」。如果這時能獲得爸媽身心靈層面的正面對待，嬰兒就會發展出對人的基本信任感和安全感，否則會心生不信任與懷疑。

第二關 1到2歲：

產生意志（will）的學步期——自主vs.羞怯

開始學走路彰顯了學步兒第一次能短暫脫離爸媽，感受「勉強獨立」的能力。這階段的生命關卡就是知道環境中有令人興奮的事物，但也充滿失敗挫折。學步兒最愛四處自由探索環境，並從中發現自己的能力，不但要建立「我做得到」的感受，也要有即使失敗了也沒關係的態度。如果獲得自由與支持，學步兒就會漸漸獨立自主，但如果常因失敗被處罰，就會成為害羞退卻的人。

第三關 3到5歲：

擁有目標（purpose）的學齡前幼童期——主動vs.罪惡感

學齡前幼童開始能比較長時間離開家庭，在校園中和同儕學習互動。這階段的生命關卡是離開家庭舒適圈，要在新環境找到自己的信心。同儕遊戲時會有人開始創造遊戲，做各種決定來完成遊戲，同時也要做好基本的生活自理。常能在團體中做決定並完成活動的幼童，會在人格中產生更多自信心和主動性，喜歡做新的嘗試；相對地一直被限制的幼童會覺得自己是團體拖累者，而產生罪惡感，把自己定位成跟隨者。此時的幼童也很愛提問，成人的回應也會決定幼童的人格。

第四關 6到11歲：

發展能力（competence）的學齡兒童期——勤奮vs.自卑

學齡期兒童常不自主地跟同儕比較，這階段的生命關卡是看到自己的能力是否可以在環境中產生回饋。此時的兒童已經可以明確感受自己和其他人能力的不同之處，同儕對兒童的影響力也明顯地比前面幾個階段強烈許多。這時的引導者除了爸媽外，老師也開始扮演空前重要的角色，如果能引導兒童從各種小型計畫開始，逐步完成並產生成就感，兒童就會對自己的能力感到滿足，因此產生勤奮追求成就的人格。但過多的限制或成人角度的比較，就會讓兒童感到自卑。

第五關 12到18歲：

追尋角色定位（fidelity）的青少年期——自我認同vs.角色混淆

荷爾蒙狂飆的青少年期，最大生命關卡就是想找到「自我角色定位」。青少年會開始意識脫離原生家庭獨立，所以常會追求很多和「自己」有關的問題答案。「我到底是誰？」「我將往哪裡去？」「我和別人有什麼不一樣？」能被鼓勵進行這種探索的青少年才能慢慢建立自我認同，找到自己在群居社會中的角色，包含未來在生涯上、婚姻上、家庭上想扮演的角色。更進一步接受社會上每個人的不同，也接受自己的獨特，否則就會感受強大的角色混淆而卡關。

第六關 19到40歲：

發展穩定之愛（love）的成年早期——親密vs.孤立

成年早期是正式脫離原生家庭被照顧的角色，而開始有能力扮演至少把自己照顧好，甚至照顧別人的角色，並在人生中找到可以分享接下來人生的「重要他人」。這階段最大的生命關卡就是能否在角色轉換中找到意義感和價值感。此時大部分人在尋找另一半、婚姻、家庭、友誼等議題中打轉，處於成年早期的人要慢慢在這些關係中發展，感受穩定性和安全感，找到「穩定而重要的人」來增加親密感，並也承諾為彼此負責。能成功達成這個人生目標任務，就能發展更多愛的能力。但如果卡關了，就會感受到強大的孤立感。

第七關 **40到65歲：**

能照顧他人（care）的成年中期——高生產力vs.停滯頹廢

這是成年的第二階段，通常已度過摸索期，進入穩定期，人生關卡在於是否能對自己現在所做的一切看到更上一層樓的希望。有些人會覺得自己已在生涯穩定向上，想把握機會乘勝追高，但有些人卻會覺得在僅剩的人生中沒有機會再做出成果。有生兒育女的人會在兒女的成長上享受過程的生產性，即使沒有生兒育女的人，若在其他生涯上感到滿足，也會在把精力貢獻給回饋社會和社群、提攜後進中感受生產力。但相反的，也會有人感覺未來所剩更少了，對過去感到後悔，產生停滯頹廢的無用感。

第八關 **65歲到生命終點：**

擁有人生智慧（wisdom）的成年晚期到老年期——

完整感vs絕望感

接近人生最後一個篇章，也已退休或接近退休，人生關卡在於回想過往，到底是會驕傲自己已完成的人生任務，或總是看到各種人生挫敗。看到自己完成哪些事或沒完成哪些事，會影響此時對自己產生完整感或是絕望感，而生命智慧也來自此時是否看透人生和豁達的程度，並且決定帶著哪種感受走到人生終點。

在這些關卡中，你總共過了幾關？拿到多少人格資源？在這八個關卡中，相信對於第一關和第二關的重要性，在前面我已經跟你說了許多，作爲新手爸媽的你，可能也在很多育兒書籍中爲孩子閱讀了不少，並想努力幫孩子通關。但我現在想和你一起探討的是第六個關卡，因爲這可能是你正在努力奮鬥卻卡關的階段。在這屬於你的關卡，通關與否不但會和之後的關卡息息相關，更是你能否讓你的寶寶在第一關、第二關順利晉級的重要關鍵。我們得從學習被愛、學習愛自己，進階升級到開始學習有能力去愛人，去負責教人學習愛與被愛，而此時的這些「重要他人」，就是你的另一半和寶寶。

之前我使用「雙人舞」形容愛的關係，現在我要進一步用「三角舞」，再次形容人初千日家庭中成員的關係。

想想看，你和另一半，都處在成年早期的第六關，夠幸運的話，已經慢慢地在人生探索中認定彼此就是親密的另一半，開始跳起雙人舞。雖偶爾會踩腳，但也慢慢地建立起默契。突然間，第三者寶寶加入了，他不但難以捉摸，正面對人生最重要的人初千日，同時人生更處在艾瑞克森理論的第一個關卡，亟需你們讓他加入共舞，完全依賴你們才能順利通關。但你們的舞蹈才剛開始，默契才剛建立，這個可愛又有點可惡的小東西就來攪局，破壞了你們的舞步，一切似乎得從頭跳起。

本來已經不踩腳的地方又開始踩腳，舞步中到底誰和誰的交會要多些，音樂的節奏到底要加快或放慢，都一一考驗著這個新的「三人行親密關係」。但現實是，寶寶也是你在成年早期要發展親密感的「重要他人」之一，顧不得他還只是個不會講道理的小傢伙，更何況在愛裡面道理常常也說不通。在跳著這些已經不容易的舞步時，你自己的「人初千日初戀記憶」還不時來攪局，你心裡住著的那個當年可能沒有被愛夠的孩子恐怕還帶著傷，也往往會在這時跳出來搶奪主導權；因爲當年，你的爸媽或許也在人生卡關過程中，找不到讓你加入舞步的節奏。

你發現了嗎？成爲一個爸媽比你想像的更不簡單，你需要的不單單是「養兒育女」的技巧，更需要和至少三代人生的關卡「和解」或至少展開「對話」，所以，親愛的你會需要很多滋養，就如整個社會期待你滋養你的孩子般，你自己也需要被滋養。因此，或許當越來越多人意識到人初千日的獨到處，產生人初千日覺醒，將會在面對子代和自己生命交會的這階段擁有更多不一樣的感受，也更能檢視自己和上一個親代的關係，而願意做出更多接招的準備，當然也能獲得整個社會更多的包容與同理心。

請再次記住，在人生循環中，這是一個過去、現在與未來對話的時刻，更是人生最重要的定錨點，是屬於寶寶的，更是屬於你的，或許還有一些屬於你的母親，畢竟你們身上都帶著高比例的相同基因，牽絆彼此，永遠無法切斷連結。

身爲大自然生生不息的一環，我們其實都在一種稱爲「共振」（entrainment）的自然規則下生存，我們跟著身旁人、事、物的節奏，遇快則快，遇慢則慢。這樣的規則讓我們能省下許多資源，感到安全，就像學生時代住在同一間宿舍的女孩，總會發現大家每個月「好朋友」到訪的時間漸漸接近。這不是偶發事件，作爲地球上群居動物的一群，大自然法則影響我們的力量，遠超過我們的想像。愛也是如此，作息節奏的同步讓戀人感到親近，南轅北轍生活模式的殺傷力則不輸遠距離戀情，我們總需要分享另一半的喜怒哀樂，哪怕是微不足道的生活點滴。

人初千日的孩子不自覺地渴望和我們達到共振的頻率，但生活在瘋狂的「數位 I 世紀」，你和我在理智層面卻永遠都有看似比和孩子「談戀愛」來得重要的事情。不過，如果你也還記得那些年初嚐愛情滋味的那段熱情，請爲你的孩子想想，你的一次回眸，恐怕是他朝思暮想一輩子的記憶。如果你也願意偶爾放下手邊「更重要」的工作，和孩子談一場戀愛，他也能擁有一輩子能甜蜜回憶的初戀記憶。

要完成這個世紀性、宇宙級艱鉅的工作，你還需要一些幫助和支持。而我接下來打算給你這樣的禮物，我稱之爲人初千日覺醒運動，得以滋養你的人初千日家庭。不只是覺醒的口號，我還想給你一些實用的指引，希望爲你找回這個關鍵階段裡愛的「成就感」和「幸福感」，感受更多生命傳承的溫度，以擁抱獨一無二的美麗與哀愁。

人初千日覺醒：不專業卻真實的愛

提早來報到的小波已經三歲半了，經過長期的早療努力，各項發展和其他孩子已完全無異。

安安是在小波矯正年齡大約十個月時才接觸人初千日課程，其實小波已經不太受控，但安安在課程回饋說，她獲得最多的反而是和偉旭溝通的方式，她意識到偉旭沒生過孩子，也不像她與小波一樣朝夕相處，並沒有機會跟她有相同的經驗值。

安安借鏡課堂中學到的方式，鼓勵偉旭在家幫小波做按摩與瑜伽，想不到小波竟然更喜歡爸爸「不專業」的創意按摩瑜伽法。安安小小吃醋之餘，不忘鼓勵偉旭慢慢長出「神隊友」神經，一家三口的互動越來越甜蜜。

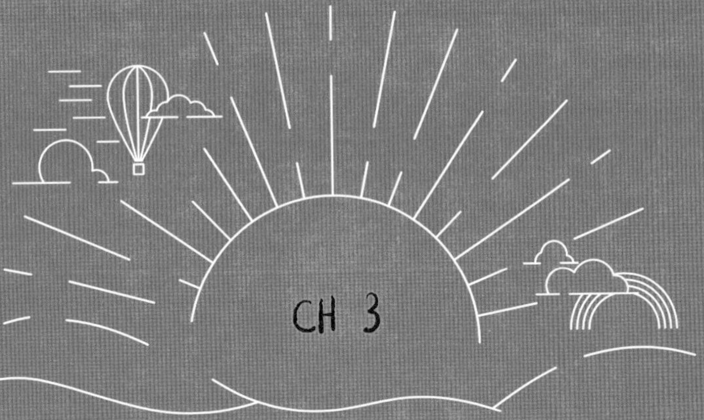

CH 3

父母4大智能，建立覺醒家庭

心智智能、情緒智能、生理智能、創意智能

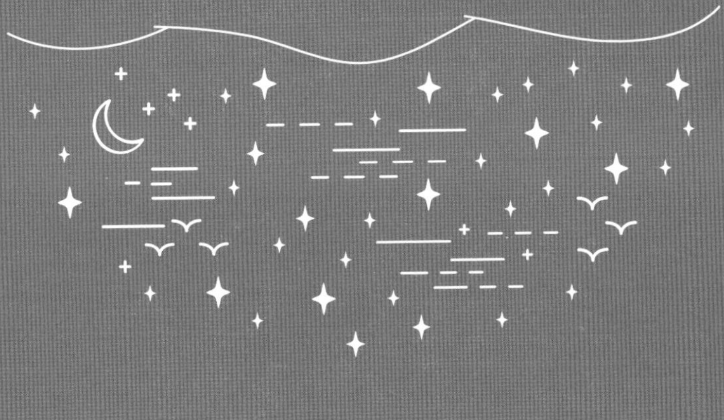

人初千日真實故事：生命的消逝與新生

玉婷懷孕初期，收到她母親傳來壞消息——媽媽被診斷出乳癌末期，並已轉移到身體其他部位，醫師宣判只剩下半年壽命，不一定能看到玉婷成為母親的那一刻。聽到消息那天，玉婷無法顧及自己還是個孕婦，在滂沱大雨中一邊奔跑、一邊狠狠痛哭一場，像是要哭出自己和母親過去多年來的愛恨情仇。

玉婷媽媽一直是個虎媽，對玉婷和弟弟的管教從不鬆懈，永遠以最高標準要求兩姊弟，而不管他們再怎麼努力，媽媽總覺得還可以更努力些。玉婷其實渴望和媽媽更親近，像很多母女檔般可以穿著母女裝一起去髮廊做頭髮，一起窩在被窩裡像小女孩一樣跟媽媽撒嬌。不過嚴肅的媽媽從不這樣做，從小到大只要和媽媽在一起，就像部屬被嚴厲的長官緊盯著所有表現，鮮少鼓勵，只有不斷要求好還要更好。包含玉婷的婚姻、生育這些大事，玉婷也從沒感受過媽媽的溫柔肯定。

知道媽媽將不久於人世，讓玉婷有種說不出的悲痛。玉婷知道這是混合著複雜情緒的感受，知道接下來很快就再也不需要面對媽媽帶給她的挫折傷害，但又難受於默默渴望和媽媽互動的方式不再有可能。

禍不單行的是，玉婷產檢竟發現寶寶有嚴重的先天性疾病，醫療人員告訴她即使成功誕下孩子，有一天也可能會失去寶寶。玉婷的丈夫紹愷是個沉默的男人，雖不善言辭，但一直堅定地支持玉婷。紹愷知道此刻脆弱不堪的玉婷禁不起同時失去兩個至親的打擊，所以即使醫療人員明確告知他們終止妊娠是可考慮的選項之一，他還是選擇和玉婷一起勇敢面對未來的挑戰。

曉琪出生時，外婆已經早一步離開人世，曉琪也如預料地一出生就住進加護病房。玉婷還沒走出喪母之痛，坐月子期間也無從休息，就得直接面對孩子各種心理上、體力上、經濟上的醫療負擔，雖然這都算是有心理準備、預想中的狀況，還是讓兩夫妻有點喘不過氣。幸好夫妻同心，曉琪也受到爸媽和很多專業人員照料，讓三人之家的第一年雖充滿苦澀，也總算是順利度過了。玉婷夫婦常說，這些人都是他們生命中的貴人。

現在曉琪上了小學，是個又乖巧又有才華的小女孩。貼心又總是倔強努力著的曉琪，和玉婷小時候很像，母女關係也非常親密，就像玉婷一直想和自己媽媽建立的關係那樣。玉婷很慶幸他們當時勇敢生下曉琪，才能擁有這十年美好的經驗……

恭喜你升格當爸媽了，爲了扮演好這讓人緊張又興奮的新角色，你總共讀了多少書？爬了多少文？請教了多少專家？

「這樣教養，養出學霸孩子」「一百個養兒育女妙計」「教育專家教你帶孩子」「全世界的成功爸媽都推崇的育兒法」「原來小孩應該這樣教，所有爸媽看過都後悔了」……相信無論在實體書籍或網路文章上，前面列出和教養有關的標題資訊，你一定不陌生。爲了行銷上能吸引你的眼球，這些資訊往往不惜用最聳動的標題、最吸睛的用詞，先販售給你在「當父母」這件事上產生的大量焦慮感和罪惡感，再用最戲劇化的出場方式，扮演你在親職角色上的救贖者，彷彿只要跟著這些既定的救世主專家配方，調製你的親職生涯，孩子就會如ＩＳＯ認證的產品般，在ＳＯＰ製程下得到品質保證，成爲你想要的樣子。當然前提是，如果你知道自己想要的孩子是什麼模樣，但你確實知道嗎？

人初千日親職的資訊、知識與智慧

生活在網路資訊發達的年代，當代爸媽唾手可得的教養資訊量之豐富是人類史上新高，照理說關於養兒育女的疑難雜症都可以在網路資訊海中輕鬆獲得秒速解答，但你真的有感受到「資訊爆炸」帶來的豁然開朗感受嗎？爲什麼現代爸媽養兒育女的幸福感和成就感，似乎來到歷史新低？這就是接下來我想與你一起反覆叩問的主題。

我想先用一個簡單邏輯，幫助已被整體社會教養焦慮感與罪惡感所淹沒的父母，使他們稍稍獲得緩解。特別是如果你也曾因發現做法與專家不同、感到對不起孩子，也曾因感覺你再怎麼努力也達不到專家標準，或曾覺得就算已經依照某大教養專家的程序做一輪了還不見效，請你認眞地告訴自己以下這段話：

> 就算這些專家提供的資訊眞的有用，但我的寶貝從沒讀過，更不會完全依照資訊中所說的那樣表現。我的寶貝是世上獨一無二的存在，需要爸媽把「資訊」先消化成有意義、有組織的「知識」，再發展出更多爲他量身訂製的教養「智慧」，才能在身心靈全方位滋養這個地球上最特別的小小生命體。能做到這樣，我就是夠好的爸媽，也是他可以擁有的、獨特的、最好的爸媽。

覺得心情好一些了嗎？在人初千日階段的你並不孤單，就像前一章所說，想像還算幸運的你脫離原生家庭照顧，找到生命重要他人發展親密關係，再從兩人世界進階成爲人初千日家庭，這不只是你自己和另一半的人生重大關卡，你還得帶著自己的童年影子，引領下一代在人初千日的各關卡闖關。

這幾年學當爸媽的日子從來都不容易，絕不像溫馨喜劇中演出的那樣，只充滿美好的粉紅色泡泡。你需要很多扎實的學習，但同時也需要身邊人的包容和支持，就像整個社會期待你給予孩子的包容與支持那樣，你也值得相同的對待。因爲只有被愛過的爸媽，才有相同的能量給孩子等質量的愛。

但可惜的是，多數人在過去都沒有太多機會參與這重大的人生學習，網紅或專家提供的教養配方，從來就不足以同時滋養人初千日階段父母自己與孩子的需求。

教養的正式與非正式學習

當一個爸媽究竟需要學多少？可以問看看自己的學習經驗來試圖找尋答案。

你會烹飪嗎？如果答案是肯定的，那麼你花了多少年正式和非正式的學習，才熟練烹飪技巧？你會演奏樂器嗎？如果會，請問你花了多少時間、金錢等資源，才能熟練演奏樂器？你玩球類運動嗎？你又是花了多少年，才能熟練這種球類運動的玩法？

答案應該很明瞭，人類被設計成有學習能力的生物，會針對想從事的事透過多種途徑來學習，無論是遠古時代居住在洞穴中的人類祖先以學徒式的方式向有經驗的人學習，或是在現代可以透過學校、機構等制度有系統地學習。

那麼，人類是如何學習「養兒育女」這件人生大事？

如前述，生殖的根源來自於物種繁衍的本能，人類作爲動物的一類，養兒育女自然也和這項重要本能有關，對此學習再多也不爲過的主題，卻也很容易下意識地讓人輕忽，被當成「自然就會」的事，鮮少當成正式主題來學習。

不過，雖然如此，養兒育女卻也因爲與本能緊密相連，人類也下意識地隨時都在生活中吸收相關的一切，而學習對象往往是「身邊的其他父母」，包含過去的父母（長輩）、現在的父母（媽媽社群），或認識很多父母的人（教養專家）。西方有句俗諺說：「養育一個孩子需要全村的力量。」確實如此。這句俗諺除了表達出人類自古就有社群共同教養（social parenting）的習慣文化外，也表達出「社會」這個大環境中的一切，必然影響個別家庭或個人養兒育女的態度和方式，畢竟社會最重要且基本的團體之一就是家庭，而家庭更是可能影響人類一生的團體。

社會發展往往對個人的育兒觀念、方法、學習等產生重大影響，這是種集體式的學習，誰都無可避免。社會上其他人對你的教養有些意見與看法，從來不是新鮮事，即使在原始部落，人類群居在原野生活時，有個小寶寶即將來臨就是社群中的大事。當時的部落信仰扮演非常重要的角色，從許多人類學文獻中可以看到，部落長老或巫師使用多種不同儀式迎接新生命加入。到了人類開始過著經濟上相對穩定的農業社會生活，更有各式各樣慶祝寶寶到來的文化儀式，可見養兒育女在人類社會中，從來都不只是一個家庭的事，而是一整個社群的大事。也難怪每個爸媽對周遭親友的「教養指導」從不陌生。

你需要的不是教養資訊，而是思辨力與判斷智慧

無論你喜不喜歡其他人的教養指教，只要你成爲爸媽，不免會想了解別人是怎樣當爸媽的。想知道自己算不算是個好爸媽？自己在教養上的煩惱正常嗎？「NUTURER【人初千日】寶寶專家平台」曾在二〇一三年做過一項非正式的統計調查，發現每個新手爸媽在面對教養課題時，會以各種方式問過至少十七個人以上的意見後，才會覺得自己的教養疑惑是正常的，原來爸媽都曾如此彷徨困惑。在教養資訊發達的現代，新手爸媽常誤以爲自己是有選擇

的，但事實上受到社會的影響遠超過你所覺察到的。現在請想想看，你是不是也曾是那個「問人」或「被問」的一員呢？

這些「別人給的」教養建議或資訊，無論從何而來，一定會相當程度地反映當代社會對教養的看法，更受到生活方式的影響。隨著人類歷史演變，在原始部落、農業社會、遊牧生活等不同的生產方式環境之下，對嬰幼兒看法的不同，爸媽在生活中所扮演角色的認知差異，都會影響整體社會的教養觀。此外，爸媽在當時社會的社經地位，也一樣會影響如何取捨教養建議。二〇一八年，公視推出一齣台灣電視劇《你的孩子不是你的孩子》，這部改編自作家吳曉樂同名小說的劇作，每一個沉重故事裡的爸媽身上都可觀察到同樣現象：他們都在教養當中嚴重迷失了，受到整體社會的各種影響，卻忘了看見每個孩子的獨一無二。在對照黎巴嫩詩人紀伯倫詩作〈論孩子〉之後，更是發人深省。

但是，你的孩子到底是不是你的孩子呢？這的確不是個可以輕易解答的是非題，因爲如果「是」，那你如何在「你」之外，賦予孩子獨立的個體性？身邊其他人又爲何總對你的教養有衆多意見？但如果「不是」，那些年你爲人父母的學習與掙扎又算什麼？你爲何還是得背負教養成敗的重大壓力？更何況孩子身上還帶著血脈中無法否認的基因傳承，這可是從遠古時代先祖就在你們身上編碼的印記，那濃烈的愛更是眞實存在著，無法抹滅。

光要釐清你和孩子之間（或可說是你和父母之間）那些剪不斷、理還亂的愛恨牽絆，就不是件容易的事。SOP式的教養指導更不能爲你無法回頭的親職之路指點太多迷津，反而讓你更加困惑。尤其在網路世代的今日，各種南轅北轍、良莠不齊的教養建議資訊充斥，爲了「點閱率」「置入性行銷」「業配」，利益彼此矛盾攻詰的現象，想必你一定也不陌生。過量混淆的資訊，比資訊不足造成的焦慮感更大。**因此在教養議題上你需要的其實不是「資訊」，而是思辨與判斷你所找到資訊的能力，才是一種有用的「知識」；而能將這些知識活用到自己家庭的能力，才是你的教養「智慧」。**

威權和權威有什麼不同？

爲了幫助你對琳瑯滿目的教養資訊產生思辯能力，發展成知識後再應用生出智慧，我想先分析兩個常被混淆的詞：「威權」和「權威」。

「威權」（authoritarian）在《牛津字典》的定義是：「在完全沒有個人自由狀況下，嚴格地服從擁有權威者。」相對的，「權威」（authority）在《牛津字典》的定義是：「能給予指令、做出決定、產生遵從的一種力量。」

用教養例子解釋，「威權」就是：「因爲她的身分是妳婆婆，所以在教養上只能聽她的，妳沒有自己決定的自由。」而「權威」則是，「因爲婆婆是很有經驗的教養者，她提供的資訊中有很多經過妳的實證經驗發現是有價值的，所以妳打從內心信服而願意做出相符的決定。」

你看出其中的差別了嗎？

人類會累積文化，幾乎所有決定都不可能完全由自己「獨立完成」，必然有形無形地參考諸多歷史上前人學習的成果（過去），才能在生活上應對難題（現在），並面對不一定可知的發展（未來）。在教養上也是如此，能歷經生命循環和時空淘洗後留下的正是「權威」，這也是之所以各領域都有「權威訊息」存在。但「權威」並非歷久不敗，甚至是歡迎你來挑戰的，正因爲不斷在挑戰中存續下來，才得用來規範社會。但撼動「權威」確實需要扎實而豐盛的文化積累，若能度過種種考驗，往往更形穩固。

但「威權」就不是這麼回事了，往往只來自於身分別或階級別：因爲他是老師，學生就得聽話；因爲他是爸媽，子女就得服從；因爲他是專家，家長就不能反駁。由於自古人類就是群居的，爲了維持人類生活的秩序感，這種「威權」存在人類歷史已久，但自從歐洲十四到十六世紀文藝復興時期發展出人文主義後，就遭到強烈質疑，被認爲違反「人」的價值，該被唾棄。可是因爲執行「威權」的人，往往也掌握了某些「權威訊息」和資源，容易讓人產生混淆；加上歷史久遠，「威權」其實不易打破。有一簡單的分辨方法，就是看掌握權威者是否歡迎思辨性甚至是批判性的討論，就多少可以看出端倪。

人類在任何領域上都應努力打破威權，才有向前進步的可能，但絕不能完全失去權威，因爲權威提供了社群共同的原則、方向和秩序。就像是一群人走在一個有限的空間裡運用有限的資源時，威權有如一道外在命令，告訴這群人只能遵守特定行走方式和方向，不能問原因，也不能違反，否則會受到各種處罰。但權威則需要一點時間，由這群人慢慢從各種經驗中發現並擬出大家共同遵守的移動原則，像是眼睛一定要睜開看、絕不踩到其他人、萬一有人不小心犯錯了該如何處理等共同守則。沒有了這些權威，人類這種群居生物必然失去安全感和秩序感，感到慌亂困惑。

我們可從日常社會中看到各種威權和權威的影子，若無法妥善分辨，就會因爲混淆而開始出現各種亂象，像是即使知道威權不妥當，但當權威還沒產生並獲得共識之前，總還是有些人寧可放棄珍貴的自由，退化到擁抱威權的存在，因爲安全感與秩序感是人類內在的基本需求。

以上可見，在所有領域中學習分辨威權與權威是很重要的，教養上更是如此。當了解威權和權威的差異後，再回頭去看那些曾讓你困惑不已、來自身邊不同人的教養建議資訊，你或許可以慢慢發現，哪些人是試圖扮演教養威權，而哪些人又是提供了值得參考的教養權威。當然，就像威權和權威一直以來都很容易被搞混的身分一樣，你有時可能還是覺得那些想當教養威權的人，部分資訊還挺有權威性的，這就是爲什麼我想請你開始學習在**教養上不要過度倚賴**

「外來威權」，而要試圖找回自己的「內在權威」。

雖然我不能回答「你的孩子到底是不是你的孩子」，但我確知一點：「我們都是社會的孩子。」我們的孩子也是，甚至我們的爸媽都是。但要怎麼在整體社會中找到孩子的獨特定位，首先必須找到自己的定位。

要翻轉孩子的教育，第一件事一定得先翻轉父母的教育。當父母不再迷失，可以在過去和現在的脈絡中看清自己，才可能看到孩子的獨特性。而孩子正是你的未來，是你我共同的未來。

自從二〇〇三年「NUTURER【人初千日】寶寶專家平台」創立後，就試圖喚醒人初千日覺醒，藉以找回人類在養兒育女上的幸福感和成就感。我不斷呼籲父母不要過度在乎滿天飛的教養資訊所彰顯的外在威權，他們無法定義你是不是一個好爸媽。你應該在眞正和自己寶寶（寶寶也是唯一你應該聆聽的眞正專家、眞正老師）持續互動的過程中，過濾教養「資訊」成爲教養「知識」，再慢慢發展出專屬的教養「智慧」。

我把教養智慧的架構稱爲「人初千日父母四大智能」，唯有這些智能才是你可以眞正當成教養素養的「內在權威」。

人初千日父母4大智能

我爲教養智慧設定的架構，也就是人初千日父母四大智能包含了：心智智能、情緒智能、生理智能、以及創意智能。

心智智能（Mental Intelligence）

要點：

① 爸媽要意識到人初千日在人生中的獨一無二性，聚焦學習相關資訊與知識。

② 特別在教養資訊上，爸媽應養成分辨「事實」和「觀點」的習慣與能力，才能形成教養知識與智慧。

人類在文化發展史上並非一開始就對兒童深入了解，過去甚至完全沒注意到「兒童」和「成人」有本質上的不同，很長一段時間僅把兒童當成縮小版的「不完整」成人，無論東方或西方的早期歷史都沒有「兒童觀」存在，僅認爲兒童需要經過嚴厲的訓練才能成爲完整的成人。

以上看法是一九六〇年法國歷史學家菲利普．艾瑞斯（Philippe Aries）在其著作《童年世紀》大膽提出的觀點。他追溯了四個世紀的繪畫作品、日誌文獻、遊戲技巧資訊、學習機構課程等資料，發現大約十五世紀之前，兒童和成人在穿著、從事的活動上幾乎沒差別，差不多一斷奶就從事和成人一模一樣的活動。人們對待兒童和成人的方式更沒什麼不同，當時在繪畫出現的兒童身體比例也和成人並無二致。菲利普．艾瑞斯認爲「童年」作爲一個人生中的特別階段，以及因此產生的現代家庭觀，甚至是兒童教育，其實是相當近代的「發現」。倫敦知名評論性期刊《泰晤士報文學增刊》認爲此觀點是這本書「最有價值的貢獻」，也就此開啓更多啓發人類心智的好奇之窗。

菲利普．艾瑞斯的看法解釋了爲何近代產生許多和兒童有關的觀點與知識，其中一個例子就是幼兒教育。人類重視童年的概念直到十八世紀中葉才出現，當時啓蒙運動代表人物盧梭認爲，既然兒童不同於成人，當然需要特別的專業教育，因此初步建立了現代的「幼兒教育」，更爲日後數百年百家爭鳴的幼兒教育奠定基礎。另一個例子是禁止聘用童工，社會學家薇薇安娜．瑟利澤（Viviana Zelizer）在一九九四年的著作《爲無價的兒童定價：變動中的兒童社會價值》中，她把一八〇〇年代後期到一九三〇年代，因爲新的「童年觀點」誕生而對兒童態度的轉變，用「經濟上無用、情感上無價」這樣的形容，精準表達當時新興的童年觀，更認爲這是讓現代社會普遍反對童工的理由。

由此可知，人類心智上的新發現會引導出許多新發展。但即使所謂的童年觀從十八世紀至今，經過將近三百年的演變，也奠定現代幼兒教育的重要基礎，多數人對人初千日的了解卻仍非常薄弱。如果你仔細搜尋、閱讀網路上各種教養觀，可能會驚訝地發現，其中很多甚至仍留有中世紀之前的影子，著重訓練孩子成為「完整」的成人。就算是一些已運用十八世紀之後的兒童觀所發展出來的幼兒教育相關資訊，仍有極高比例只著重於三歲以上的幼兒階段。國內高等教育中的幼教、幼保相關科系在課程設計比重上，仍明顯地偏重三到六歲幼兒，缺乏向下延伸的內容。造成這種現象有一個重要原因，是受限於人類對人初千日階段的了解並不完整，畢竟這階段孩子表達力不成熟，因此多數人僅著重於寶寶生理層面的滿足，而容易忽略心智、甚至心靈層面的認識。

西元二〇〇〇年左右，人類心智新領域的開發出現一線契機。醫療核磁共振（ＭＲＩ）掃描技術的成熟與普遍應用，人類開始有機會注意到嬰兒的腦似乎和兒童與成人完全不同，不能把對兒童的了解全盤挪用在胎兒和嬰兒身上。胎兒和嬰兒研究是一個全新領域，並隨著越來越多關於人初千日的資訊獲得重視，甚至連聯合國都出面大聲疾呼，學術界也重新認知並定位「三歲定終生」這句老生常談的意義，同時更發掘其時代新意旨。因此，我想呼籲人初千日家庭建立的第一個重要智能就是「心智智能」。

所謂心智智能，首先就是爸媽應重視這個人類智性發展的點燈壯舉，意識到要把人初千日孩子當成獨一無二的階段來看待，而不能套用兒童觀點後，僅再降低劑量。這就像十八世紀時盧梭帶領我們發現「童年」這一獨特階段那般，人初千日開啓一個嶄新視野，來研究、閱讀或學習和嬰幼兒發展相關的資訊。**正如兒童並非縮小版成人，人初千日寶寶也不是縮小版兒童**，運用這樣的觀點你會發現，即使是學習和閱讀舊的資訊也可以讀出新知識來。

心智智能除了意識到人初千日在人生中的獨特性外，另一個重點就是在面對種種琳瑯滿目的教養建議甚至教養派別時，爸媽必須先能以思辨的角度，判斷出哪些資訊是「事實」，而哪些資訊是「觀點」，也就是養成思考分辨的能力。

舉一個我在課堂上最常使用的例子：以下兩個敘述中，哪個是事實，哪個是觀點？

敘述A：我手上這個冰淇淋原料是牛奶。

敘述B：冰淇淋是非常美味營養的，你一定得嚐嚐看。

很明顯的，敘述A是事實，而敘述B是觀點。

再舉一個教養例子：在此育兒情境敘述中，哪個是事實，哪個是觀點？

敘述A：寶寶的大腦在嬰幼兒期還沒有發展至完全成熟。

敘述B：寶寶在哭的時候，成人應該馬上抱起來。

答案是，敘述A是事實，而敘述B是觀點。

在人初千日領域中，所謂「事實」包含各種有關胎兒和嬰幼兒在各方面發展的資訊，像人初千日階段獨特的社會、情緒、生理、動作、認知、語言、大腦、神經等方向的發展，將以上事實資訊以有組織的方式學習後就會成爲知識，可幫助人初千日家庭站在理解和同理寶寶的立場，來認識寶寶（或胎兒）。

充分攝取人初千日的相關事實，會讓人初千日家庭避免把寶寶當成縮小版兒童，甚至是縮小版成人，產生不當的期待或對待，同時也可避免把寶寶當成和兒童或成人截然不同的物種，畢竟，長大是寶寶必然會面對的未來，寶寶也的確需要各種滋養來做好準備。至於，對四方充斥的「該怎麼做」的觀點，像是「孩子〇〇了該怎麼辦？」這類資訊，人初千日家庭則應抱持獨立思考態度，只需參考就好，不需限縮拘泥在特定教養派別的觀點中，畢竟他們的孩子不是你的孩子，你的孩子也不是他們的孩子，這也是我希望幫助人初千日家庭建立的心智智能。

雖然有時事實也可能因爲很多原因而有所改變，但仍是了解寶寶的重要基礎；觀點則是完全因人而異，即使是基於正確的事實而得出的觀點，也不代表你必須完全接受。當然，偶爾你可能還是會感到難以判斷某些資訊到底是事實或觀點，不過一但養成了分辨的習慣，你感到困惑的機會也就相對降低很多，父母的心智智能就能更爲健全和成熟。

情緒智能（Emotional Intelligence）

要點：

① 要意識到「自己」這個概念並非固定，而會依階段來變動，並努力真心地愛上人生升級後、現在這個版權所有的新自己。

② 試著像你曾渴慕的成熟父母般，擁抱並與每個階段的「自己」和解。從滋養孩子的人初千日，來療癒自己內在的人初千日孩子，化危機為轉機。

如果心智智能是左腦的專長，那麼情緒智能就是右腦的專長。成爲父母之後，身邊所有人都在教你當父母，但是，你喜歡過這個變成爸爸媽媽的自己嗎？你注意過這個自己有什麼一樣或不一樣的地方嗎？

我們都知道，當一個小小的生命在母親的肚子裡萌芽，幾乎所有人的注意力都放在這個即將誕生的生命上，卻鮮少有人留意到人初千日成員的萌芽，也就是一個新的母親角色萌芽、一個新的父親角色萌芽，甚至更多新的人初千日家庭成員角色萌芽。換言之，這是一段許多人角色認同同步「升級」的過程。

近百年來人類發展史劇烈變遷，特別是女性在社會和經濟扮演的角色和以往截然不同，往往在職場上扮演更積極角色的女性，面對「母職」這個人生新角色卻常感到前所未有的迷惘。女性在成長的道路上想像過自己成爲ＯＬ、成爲ＣＥＯ的樣子，卻鮮少想像自己成爲媽媽的模樣（當然爸爸也是）；加上網路推波助瀾的資訊不斷提醒母親要記得「做自己」，不要「失去自己」，使得女性需要更多「母職角色」認同的協助，內心常有一種強烈的恐懼和壓力，深怕成爲母親之後就再也不是自己了。

不過，在成爲母親之前，妳眞的確定「自己」是誰嗎？人一生三萬多天的日子裡，我們的角色本就會歷經許多變化，從人初千日到童年時期、青少年期、青年期、壯年期，以至於老年，過程中會經歷不同時期的自己，甚至每天都有嶄新的一面。每個自己又會是下個自己的基礎，無論感動或失落，都會累積成下一階段的回憶與能量，都需要被新的自己接受。還記得艾瑞克森的社會心理學理論嗎？你開始有意識地探索自己，也不過是青少年時期的事，其實是可以很有彈性繼續迎接未來更不簡單的「媽媽自己」，不該驟然認定當媽媽就是失去自我。

在孕育新生命的過程，人初千日家庭的每個成員都會經歷許多改變，有些人擁有很高的準備度迎接變化，但相對地也有人準備度稍嫌不足，因此很容易把這樣的改變片面簡化為「因為孩子而失去了自己」。人初千日家庭成員需要具備的第二項智能正是「情緒智能」，也就是面對此階段的生命轉變，你要意識到自己只是升級了，該試著找尋嶄新的角色認同，盡可能面對和接受可能發生的變化和各種相應而生的情緒。當一個人從為自己一個人負責，升級到至少為兩個人負責，而那個人也是某種形式的延伸自己，絕不是失去自己，相對的是「自己」的擴大和成長。人初千日家庭成員面對自己的「版權所有」人生，不需要和其他人進行無謂比較，甚至不用和過去的自己比較。孕育和滋養生命的過程本身就是一種最美麗的自我奇蹟，值得你全心愛上自己。

當然也不可否認，成為爸媽的過程是人生非常重大的變化，尤其女性經歷了孕產期的身心靈變動，可說是重生的轉捩點，可想而知會有些前所未有的失去和獲得。就像每個人生階段的轉換總有些蛻變的苦澀，在這個同是危機也是轉機的時點，如果沒有準備和被支持，的確很容易萌生一種因為養兒育女而失去自我的失落感。所以當你感受到排山倒海來的感受，不要逃避，正面接受與面對這些情緒，因為情緒本身是中性的，沒有對與錯，不需要否認一切；你可以滋養情緒，用你當年曾渴望你深愛的母親能成熟滋養你的方式。

具體做法是，當你感受到很大的情緒起伏，試著找面鏡子看著自己，用親近的人會呼喚你的方式，叫出自己的名字來：「嘿！〇〇〇，看著我。」接著設法用明確的情緒字眼說出你的感覺，就像引導年幼孩子那樣：「你看起來有點受挫、有點困惑，也有點疲倦，這些都是你眞實的感覺。」然後給鏡子裡的自己一個鼓勵的眼神：「不過，親愛的，我會和你一起度過，這些感覺只是因爲你正經歷一段了不起的改變。成爲媽媽這件事是妳人生中很不簡單的事件，我知道妳心裡還有個孩子，還有個少女，別擔心，她們還在，會跟我們一起往前走。」可以的話，**伸手擁抱一下鏡裡鏡外的自己，讓「內在小孩」知道她和妳在一起很安全**。如果「內在小孩」因爲曾受了傷想哭，讓她知道妳會像個成熟的母親般陪伴她，爲她拭去淚珠，並告訴受傷的內在小孩，她沒有做錯任何事，更值得被認眞地愛著。

一個曾在過去人生中某個階段嚴重受傷的內在小孩，若沒有獲得適當療癒，持續生活在成人身體裡，很容易轉向藉由不當方式尋求關注，像是心理學界常說的童年創傷對成年生活造成的負面影響，例如飲食失調、酒精藥物濫用、傷害他人或自己等。所以，我們需要和受傷的內在小孩和解，和不同階段的自己和解，讓人初千日的自己、童年的自己、少女的自己，知道他們的階段性任務已完成，祝福嶄新的、更有成熟美的自己繼續在人生中走下去。而滋養自己孩子的人初千日並從中覺醒，就帶有這種療癒自己人初千日的效果。

生理智能（Physical Intelligence）

要點：

①從完美主義中把自己解放出來，誠實盤點和接受所擁有的各種不盡完美的教養資源。

②停止無謂地和別人比較的習慣。沒有最好的教養配方存在，只要當個夠好的爸媽，就是寶寶最好的爸媽。

每個家庭在迎接人初千日新成員的過程，各方面都充滿高度挑戰，其中絕對包含「體能」上的挑戰。這挑戰非常基礎，不但受到各種條件影響，也可能全面地影響你在人初千日的教養選項，卻也很容易被輕忽，讓你誤以爲只要有心一定可以輕易克服，但事實恐怕不然。

以最基本的「好好的吃、好好的睡、好好運動、好好按摩」來說明（這「四個好好」是由NUTURER提出的人初千日身心靈健康要素，將在下一個章節介紹），人初千日家庭的爸媽往往因爲初爲父母的體能負擔太大，在寶寶加入生活後，連要繼續維持這四個面向都顧不好，因而失去身心靈健康。在此情況下，不管想選擇哪個教養學派，即使觀點再權威、令人心嚮往之，若沒有相對應的體能也絕對無法實踐；就算勉強爲之，時間一長也很難維持前面提到的情緒智能。

舉例來說，人類生活方式的變遷與醫學科技的進步，使現代多數人，尤其生活在都會區居民的生育年齡明顯上升。高齡生育如今已非常普遍，體能也很自然地呈現下滑趨勢，加上近代生活模式演變，大部分人初千日家庭都以小家庭為主，新手爸媽不只要滋養與照顧剛萌芽的小生命，同時還要負擔其他責任，更複雜多元的任務像是要繼續在職場上工作、面對更高齡長壽的長輩長照需求、照顧子女時缺乏幫手等；這些因素彼此加成的結果，很容易讓新手爸媽因體能過度消耗而感到疲倦不堪；此時若又受到「教養派別」的框架限制，想採取嚴格的特定教養法，而無法看清每種教養法背後其實都有資源條件的限制，就很容易因體能吃不消而帶來更強烈的沮喪和挫敗感，覺得自己不是個好爸媽，或是與本該有強烈合作關係的另一半產生重大的教養衝突，人初千日家庭的成就感與幸福感更是蕩然無存。

當然，所謂生理智能並不一定全然表示只要「早一點生孩子」就可以順利建立，也就是說生理智能並不單指體能上的限制，例如年輕爸媽組成的人初千日家庭，面對的可能是外在限制條件，像是經濟上穩定度不足、睡眠需求量比較高等。由此可見，幾乎沒有爸媽一開始在所有條件上就完全準備妥當。但大部分教養派別提供的育兒建議，幾乎完全不探討這些外在限制變因而羅列出「完美教養守則」，加上以網路為主要載體的資訊本就有片斷性、淺碟性的特色，如果不考慮生理智能而照單全收，父母產生的焦慮感和罪惡感恐怕遠大於救贖感。

試想，一個單胞胎的家庭和一個三胞胎的家庭，對於寶寶哭了到底該不該立刻抱，能做出的選擇想必完全不一樣；單親家庭和擁有衆多神隊友的大家庭，可以堅持的教養原則也必然不同；家長有一人未就業和雙薪家庭能選擇的飲食選項也肯定有所差異。因此，你完全不必以嚴苛的外來威權爲難自己，甚至爲難家人以及和你一起合夥教養的其他主要照顧者，在教養上可以更有彈性。

不過即使如此，還是想提醒你，這不代表就可以輕忽教養本身就是「高需求」的本質。你不能完全不考慮人初千日寶寶的需求，任性地挑選僅以照顧者角度爲出發的教養選項。那些告訴你，寶寶來到這世上就要依照爸媽的方式生活的教養建議，若不假思索地照單全收，一不小心就會成了《你的孩子不是你的孩子》戲劇故事中主角的序曲，因爲你忘記了紀伯倫所謂的：「他是『生命』對他自身的渴慕所生的子女。」

人初千日生理智能的建立，仍必須以心智智能和情緒智能作爲基礎。你已是長大的自己，是能爲你和寶寶負責任的自己，我衷心期盼已是成熟爸媽的你可以用更成熟的態度，先基於人初千日事實的資訊，了解寶寶在這階段高需求的正常性，並且在不全然消磨殆盡，同時也能照顧好自己的前提下，爲寶貝做出教養決定。換句話說，**無論是過度以自己為核心，或以寶寶需求為核心，都是偏頗的教養**。

而好消息是，人初千日的小生命並不一定需要你從網紅專家那邊得來的完美教養配方。寶寶並非如你想像完全只能被動地接受教養，小生命具有天生的氣質和生物本能，在無形中以你想像不到的「魅力」與「技巧」，主動引導爸媽的對待方式，這一切往往在你還沒注意到時就悄然發生：如果你也曾傻傻地被他們的一顰一笑牽動著，別懷疑，你已經中了寶寶和生命的神奇魔法。當然他們也會自然啓動學習調適能力，來適應爸媽的教養風格。所以，**你最需要的其實是發展對寶寶毫無懷疑的「LOVE」愛意，去傾聽、觀察、珍視和賦權他們**，至於實際的教養做法，說實話，無論你所做的一切和所信仰的教養專家有多不同，仍可能達到教養專家向你保證的好成果，甚至可能比聽專家的結果更好、更適合你的寶寶，畢竟寶寶才是你在教養路上眞正且唯一應該聽從的專家與老師。更何況，每個人初千日小生命都是獨一無二的，即使爸媽不惜一切超越體制、嚴格地執行特定教養學派做法，也不見得百分百適合這獨特的小生命。既然如此，那又何苦爲難彼此。是時候傾聽自己身體的聲音了，只有你才能護持這份最初的愛到永恆。

因此，整個人初千日教養過程應該像之前形容過的，是一支精采的雙人共舞。當然也歡迎所有支持你們的隊友加入舞蹈，依循美好節奏，彼此不斷練習著前、後、左、右，踏著精采舞步。一方前進，一方就後退，一方往左，一方就跟著向右，才能成就良好的步伐，培養獨特的默契。

現在就盤點一下你的生理智能吧！和所有可能和你一起挑起大樑的隊友共同討論，正視這份責任絕不簡單的事實，在經過充分了解人初千日小生命的需求後，列出各項經濟、時間、人力等層面的教養資源，特別針對自己的生理狀況，找出能負荷的教養風格，從教養派別中解放出來，喘一口氣。你不需服膺任何教養威權，更不需一味地爲了執行某些派別的教養法，造成身心靈過度的負擔，甚至產生過多家庭紛爭。要知道人初千日家庭是一個整體，以小生命爲核心，往外擴及所有相關體系，是一種團隊合作。在這個團隊當中的每一分子，特別是最靠近核心的你和另一半，比起那些外在專家，團隊裡的成員是更值得你重視的對象。回到那句老生常談：「有快樂的爸媽，才有快樂的孩子。」尤其親子雙方的快樂是建築在前面提過的兩項智能「心智」與「情緒」之上，再建立起「生理智能」，就更能幫助人初千日家庭發展出更適合自己的教養風格。

完美爸媽自古從不存在，自然就沒有非照做不可的完美教養配方。也請記住，只要你願意開始爲人初千日覺醒盡最大的努力，無論怎麼做，你就已經是夠好的父母，同時更永遠是寶貝心目中最愛的完美父母。

創意智能（Creative Intelligence）

要點：

① 要意識到寶寶是世上獨一無二的生命藝術品，自己和寶寶的關係更是世上獨一無二的愛戀關係。

② 用更開放的心，來善用**NUTURER**人初千日的六大**STEAM**教育。

生命之所以充滿奇蹟，正因地球上從沒出現過兩個完全一致的生命體，每個生命都是在各別生命創造階段的關鍵時刻，發生當下獨一無二、無可取代的變化而產生。以人類物種爲例，從人初千日階段開端的受精卵著床成功那一刻起，每次胚胎的分化和發展都是沒有經過「事前計畫」的獨特過程，才能成就新生命的奇蹟，讓這個人初千日小生命得以度過最初始的孕產階段，再藉由和母體共同努力，來到充滿更多奇蹟的地球，並茁壯成長。因此，沒有任何一個單一教養建議比得過以上這種來自「生命之母」的創意，沒有一個人可以告訴你該怎麼做。

面對人初千日新生命的萌芽和來臨，家庭成員不可或缺的最後一項重要智能就是「創意智能」。面對親職這人類最古老的一項「工作」，你要能先理解，身邊永遠有一群人，無論是長輩、鄰居、親友、網路社群，甚至陌生人，都可能不由自主地試圖用自己的方式來影響你的教養方法，提供新手父母所謂「完美教養」處方，甚至父母本身也可能會因爲羨慕或是誤認特定教養方式是所謂的「完美教養」而懷疑自己。

然而，新手父母必須意識到一個重點，就是不管這些由他人分享而來的教養模式有多成功迷人，永遠是別人的教養模式。在教養道路上，面對所有永遠對自己和孩子是「第一次」的經驗，新手家庭需要非常豐富的「創意」，來看到每個經驗值不同的面向每一次的「發生」都有至少兩個面向，沒有一個教養有絕對的好與壞。每個孩子都是獨一無二的珍貴人類，是無法複製的藝術品，而非廉價工廠生產線上的統一產品，應該有著細膩刻劃的痕跡，是最珍貴的存在，即使這些痕跡不一定如你當初所設計。

任職於荷蘭萊頓大學的艾爾斯林．霍茲瑪（Elseline Hoekzema）博士和她的研究團隊，在《自然神經科學期刊》曾發表一份名爲「懷孕導致人類腦部結構發生長期改變」的研究報告。在報告中，研究人員檢測一群首次懷孕的女性和她們的男性配偶，證實了在懷孕期與產後，媽媽腦部的確會產生神奇改變，人類歷史上第一次以科學方式證實了過去我們習慣使用的名詞「媽媽心智」（Mother's mind），眞的存在。

媽媽心智的研究成果讓我們較能理解爲什麼大部分媽媽，特別是新手媽媽，各種行爲和情緒上的改變：像是從懷孕期一直持續到產後容易感受到對寶寶近乎氾濫的愛意，有極度敏感的情緒，但同時也包含很多排外的保護寶寶行爲，以及看似沒有必要的過度擔憂，就如現代人常戲謔地說：「媽媽腦波比較弱。」

藝術家莎拉．沃克（Sarah Walker）如此形容：「成爲母親就像是在居住已久的房子裡，發現了一間從沒發現過的房間。」可不是嗎？妳發現了嗎？這種妳本來不知道的敏感和脆弱，可是像極了妳談戀愛時的感覺。腦科學家茹斯．費爾德曼（Ruth Feldman）證實，產生媽媽心智的腦部變化，和人墜入愛河時非常相像。這時期杏仁體的變化，也跟「愛是同心」（Oxytocin）荷爾蒙大量氾濫到這個區域有關，所以無論在荷爾蒙層面的改變，或大腦結構的變化，媽媽心智都有實際的科學原理存在，讓母嬰之間的大腦迴路非常相似於戀人陷入愛河的形式。而且母嬰互動越多，愛是同心的分泌量越大，杏仁體的改變也會越大，媽媽就越能從和寶寶互動的行爲獲得愉悅感的回饋，而得以在一定程度上克服伴隨著「媽媽心智」而來的憂鬱和焦慮感。

想想你在談戀愛時，不也是想和另一半用所有的感官，相視、傾聽、撫觸、親吻、嗅聞，找到最特別的關係嗎？你希望愛侶用世上唯一的方式來呼喚你，不想和任何其他人一樣；你想和愛侶擁有一個意義非凡的基地；你不能容忍愛侶把你當成任何人的影子，即使不完美也無所謂，因爲你們就是彼此的完美。你和寶寶在人初千日的關係也該是如此，用最有創意的方式，讓他知道你們在愛戀關係上是彼此的唯一，都是對方心中最特別的那個人。「創意」絕對是人類這種生物最得天獨厚的天賦，是大腦最進階的功能，與其不斷複製周邊所謂教養專家的做法，不如為人初千日小生命打造最獨一無二、饒富創意的親子關係。

人初千日階段通常是全家人練習創意智能的最佳時機，創意智能的應用也具備化教養危機為轉機的功能。當爸媽運用得當，也可為人初千日新生命開啟一扇創意之窗，讓寶寶了解很多事情並不是非得如此，轉個彎風景更迷人。這種面對人生的彈性和智慧，更是人初千日家庭可以送給下一代不可多得的禮物。

創意智能當然可以在任何人初千日親子互動場景中獲得，不過我要特別推薦的方法，是應用以創意智能為NUTURER發展出的「人初千日六大STEAM教育」，這六個STEAM教育分別是：CBM孕產按摩、CBM寶寶按摩、DS動知瑜伽、BSS音樂手語、IAF親水游泳、NBF家庭食育。這六大教育領域將在後面章節仔細介紹，在此我先以「CBM寶寶按摩」為例來說明，為何善用這六大STEAM教育就能促進創意智能。

想像一下，妳去參與CBM寶寶按摩課程，學習到與之相關的各種人初千日發展資訊，知道觸覺是人類最基礎的感官，也學到CBM寶寶按摩的七十種手法，以上是妳對CBM寶寶按摩建立起的「心智智能」。除此之外，妳還要愛上那個樂意為寶寶按摩的溫柔自己，在為寶寶按摩的過程中，發現妳也同時按撫自己的心，撫慰了妳內在那個曾受過傷的小孩，這是妳為自己建立起的「情緒智能」。不過，妳是個忙碌的職業婦女，雖然打從心底喜歡做這件事，但能投入按摩寶寶的精神和時間卻不是無限的，於是妳和其他一起分擔照顧工作的照顧者們認眞討論，用什麼方式分工可以同時滿足孩子，也尊重保護到孩子，這是妳的「生理智能」。當然，接下來就靠妳激發無邊無際的「創意智能」了，妳可以改編一首動人的兒歌，利用每次幫寶寶換尿布時，假裝他的小胖腿是蘿蔔，一邊按摩、一邊拔蘿蔔；妳可以選擇一本繪本，透過按摩在他的小小身體上說故事；妳可以選擇一段音樂，當音樂快起來就用快節奏爲他按摩，當音樂慢下來就爲他以慢節奏按摩。往往會發現，只要運用無限創意，在孩子身上學到的遠比從專家那兒學到的更多也更實用，這就是創意智能發光的時刻。

如果人初千日覺醒是人類史上一個產生演化契機的點燈舉動，得以照亮教養世界的晦暗，那麼父母四大智能就像是人初千日世界的四個錦囊，充滿源源不絕的教養妙計，而這一切全來自你深刻的內在，以及你的過去、現在和未來。當周遭充斥越來越多固定式教養處方的外在威權，我要誠摯地鼓勵你回到教養的內在權威，才能找回你的教養素養與智慧，讓你在社會的共同教養合唱曲中，既能和身邊的人合鳴，又不丟失獨特的聲線，你的孩子也是如此。

當然，這四大智能所代表的人初千日素養與智慧，絕不是憑空而來，也不會只因你讀完了這個章節就自動智能加身。我會分享如何讓你在升級人初千日家庭時，還能做到「四個好好」：好好的吃、好好的睡、好好運動，以及好好按摩。而我爲你設計出來的具體計畫，就是人初千日六大STEAM教育。

接下來就讓我們一起來認識這「四個好好過日子」元素，以及能幫助你產生父母四大智能的六大STEAM教育。

人初千日覺醒：勇敢迎來新生

帶著先天缺憾來到世界的曉琪，長成了一個才華洋溢的小女孩，但她仍不幸地在四年級暑假一次必要的醫療手術後離開人間。

痛徹心扉的玉婷和紹愷，勇敢地為曉琪做了很多遺愛人間的偉大作為。有深厚宗教信仰的兩夫妻，在曉琪離開一年後又迎來了小生命，並深信這是曉琪再來。

他們常說，還好曾在曉琪人初千日階段和之後的很多日子接觸了人初千日課程，讓他們永遠在心中擁有足以療癒傷痛的美好記憶，也療癒了自己的人初千日。

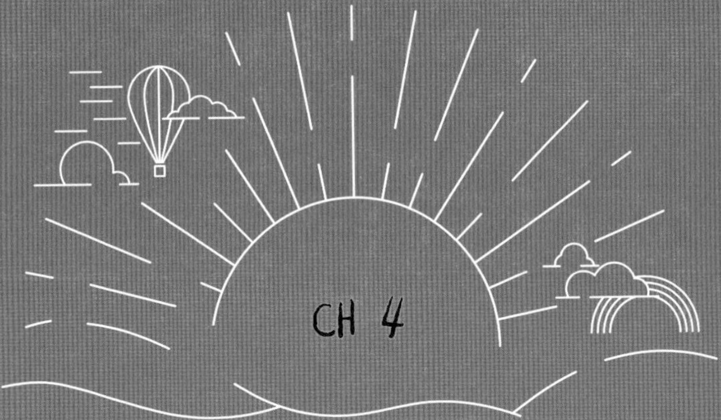

CH 4

我就要你好好的：

讓人初千日家庭好好過日子

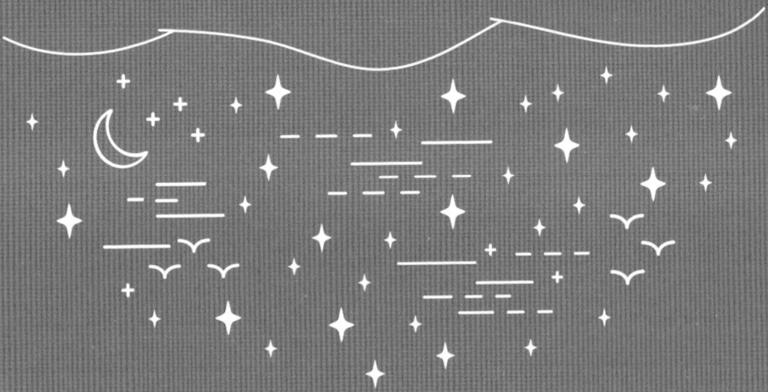

人初千日真實故事：再一次會幸福嗎？

佩珊有個八歲女兒，是她在十九歲時和前男友交往生下的。當時還是大學生的他們離家住在外縣市，懷孕後都不敢告訴彼此的父母，一直到佩珊快要生產時才硬著頭皮告訴雙方家長。比起男友家人，佩珊的父母更難以消化這事實，他們氣憤地責罵佩珊，一直到了佩珊生下晴晴、在家坐月子時，父母仍不能接受。只要家裡有親友來訪，父母就要佩珊帶著晴晴躲到二樓房間，並警告不能讓晴晴哭鬧，以免他們無法面對親友的關心和提問。

這樣不順利的過程在佩珊心理留下許多情緒和陰影，男友消極的處理態度也讓佩珊和他漸行漸遠，終究導致雙方分手。大學畢業後的佩珊和男友也從此不再聯絡，由佩珊繼續和父母一起撫養晴晴。佩珊畢業後順利考上基層公務員，在地方政府擔任行政人員。一開始很不能接受佩珊未婚懷孕生子的父母，也在日夜相處下，和晴晴感情越來越深，非常疼愛晴晴，負起照顧晴晴的所有工作。晴晴六歲上小學後，佩珊認識了現在的老公世沛，世沛一直都知道佩珊和晴晴的事，也很支持佩珊。不過世沛父母對世沛和佩珊的事並不積極支持，佩珊也總說她不特別期待和世沛走入婚姻，直到兩人發現懷孕了。

父母不斷向佩珊遊說，她該認真考慮和世沛結婚，不該重蹈覆轍，佩珊不確定自己是否也渴望婚姻，還是只想堵住爸媽的嘴，或世俗地想給晴晴和肚裡的寶寶一個爸爸。她向世沛提出結婚的想法，世沛並不排斥結婚，只是因為佩珊過去總說她對婚姻沒有期待，世沛的爸媽也對佩珊育有晴晴的事頗有微詞，因此過去世沛從沒主動提過結婚的選項。聽到佩珊突然提起，世沛第一時間的反應也弄哭了佩珊。

現在，佩珊懷孕三個月，在世沛溫柔的陪伴下，她已做了幾次產檢，也有機會聽見肚子裡寶寶的心跳，接下來要準備看寶寶超音波。這些都是她懷晴晴時沒有經歷過的感受，她隱約意識到這就是當媽媽的喜悅，是和前次懷孕完全不同的經驗，但父母催促的方式、世沛似乎不夠積極的態度、世沛父母偶有的酸言酸語、似懂非懂的晴晴童言童語的提問，總讓佩珊有種往事不堪回首的感覺。佩珊不想再當一次單親媽媽了，她也知道世沛絕對是和前男友不一樣的爸爸，雖然已經不算新手媽媽，但她其實對幾乎沒參與過的養兒育女瑣事仍一無所知。所有對未來的不確定感湧上心頭，加上這次懷孕在身體上似乎不像懷晴晴時那般順利，孕吐非常嚴重。雖才二十七歲，佩珊總說是因為年齡變大的原因，這說法也被父母嗤之以鼻，他們不斷強調之前才是太早懷孕，這當然又再次刺傷佩珊。

就在這樣既期待又矛盾的心情下，佩珊和世沛即將在月底步入禮堂，面對不可知的未來……

芝加哥藝術中心收藏著藝術家瑪莉．卡塞特（Mary Cassatt）的一幅著名畫作〈哺乳的母親〉，畫作中以溫暖的橘色系，勾勒出一位母親懷中抱著稚齡嬰兒的哺乳景象。畫面裡，媽媽與寶寶眼神彼此交會，雙方肌膚緊密貼近，寶寶滿足地吸吮乳汁，還不時以小手探索媽媽的嘴部，試著讓媽媽也認識自己的氣味，愛意滿滿。

以上親子間親密依附的畫面，自古以來都是藝術家取之不盡、用之不竭的主題，如果去修一堂藝術史課程，你大概還可以再認識至少千百幅以上類似主題的世界名畫。可見自古以來，女性為人歌頌溫柔美善的一面，幾乎都和母職角色有關。

但是，真的勇敢成為媽媽的妳，有持續感受到這樣令人動容、彷彿世界都為你們靜止的時刻嗎？因為每個人的母職經驗都不同，所以我不能代妳回答這個問題，但在我自己生養了兩個孩子後，我誠實的答案卻是：「只有非常偶爾才出現過。」

你或許會對我的答案感到訝異，因為你已習慣了所有教養專家都告訴你，只要用了他的教養配方就可以高枕無憂，這種母性的感動唾手可得；你可能也會質疑，就連身為育兒書作者的我，都無法成為妳的完美母職角色模範，這本書還值得繼續閱讀下去嗎？還是其實我也像那些和大家分享的人初千日故事主角們一樣，是個「準備不足」的母親？

或許從沒有人是完全準備好才成為媽媽，但在我成為母親的經驗裡，我起初並不認為自己是「準備不足」的準媽媽。

爲了讓你更具體了解母職角色的不易之處，作爲一個「可能在別人眼中是教養專家」的人，我得先跟你訴說一點我自己的母職故事。

母職角色從來不容易

我出生成長於一個平凡但穩定的家庭，在那個女性永遠以家庭爲重的年代，我有個偉大的母親，在父親工作和收入穩定時，她扮演擔負全部家庭照顧責任的家庭主婦，讓我的家天天都有溫暖的飯菜香；然而，在父親工作遇到瓶頸時，母親又無縫接軌地成爲職業婦女來分擔家計，讓我們在成長階段雖沒有富裕可言，但也不致於成爲「高風險」家庭。

當時，社會上還沒有所謂「保母制度」存在，不過或許是我母親典型且具傳統婦女美德的母職角色模範，在育兒方面的成果廣受親友肯定，記憶中母親也接續爲不少家庭擔任照顧嬰幼兒的角色，讓我在成長過程裡從沒缺乏過和嬰幼兒相處的經驗。我也一直認爲自己是非常喜愛孩子、樂於和他們相處，學生時代更曾在多間幼兒園與幼教機構打工，在「母職工作」上的實務職前訓練資歷還算完整且豐富。就讀研究所時，我的主修就是教育，並專攻幼兒教育，更對當時才開始萌芽的嬰幼兒研究興趣深厚。我就讀的研究所美國密西根大學，不但是名列前茅的世界名校，教育學系更是首屈一指。這樣完整的學歷也讓我一度以為自己在擔任母親角色上絕不會有問題。

就在這樣自以為準備十足、萬分期待的心情下，我第一次成為人初千日母親。我以為一切應該理所當然的美好，但整個孕期竟只有「吐」一個字可以敘述；最戲劇化的一次經驗是在大雪紛飛的芝加哥道路上，我不得不停下車，在來不及套上外套的窘境下，頂著零下低溫，穿著短袖衝下車，吐了一雪地後，在天寒地凍中崩潰痛哭。

當時的我已經懷孕七個半月，仍孕吐不止，所以那些看著可愛寶寶照片、滿心歡喜的想像寶寶樣子的孕期經驗，真的只是非常偶爾才會出現的情節。

雖然很幸運的，我的第一個兒子是個還算好帶養的寶寶，不過也是「後見之明」，因為如果沒有比較過第二個寶寶，永遠不會知道心中那把尺究竟該放在哪裡。在我第一次成為媽媽時，你大概可以想像我為他繪製了多少教養藍圖，畢竟我是個「專家」，不是嗎？但可惜他不是非常買單我的專家意見，畢竟那些學歷和經歷他都看不懂，我過去在學業和工作上早就習慣的「只要努力—就能成功」模式，在他身上也不盡管用。如果不想為難他、為難自己、也為難另一半，我就得把一切砍掉重練，只能從他身上扎實地從頭學起。於是他成為我母職修煉場上最佳的親密夥伴和靈魂伴侶，衷心感謝有他，我的母職之路才沒有因此崩解，更有勇氣在十年之後迎來第二個寶貝。

相對於哥哥，我的第二個兒子就來得有些驚喜了。那不算是一次計畫性懷孕。當時，我也已經不是可以好整以暇、專心感受生命美好奇蹟的研究生了。我的工作生涯正如火如荼開展，和大部分職場女性一樣，一天可以分配的二十四小時中，除了不得不用來睡覺的時間外，沒有多餘時間可以使用了。不過這次孕期就相對地幸運且順利許多，除了一般想像得到的不適外，沒什麼在孕期英勇事蹟比賽中可拿來說嘴的內容。所以即使忙碌，我還是很努力地額外撥出不少時間，幫自己營造許多二寶媽心理建設，包含幫已經期待很久的大兒子做了很多當哥哥的心理準備。當時的我更有種準備十足、「自我感覺良好」的狀態，外加上我十年的母職實戰經驗，和已從事人初千日工作七年之久，我的從容感和準備度比起十年前有過之而無不及。

然而生命的安排往往比你更有創意，我的小兒子是嚴重過敏伴隨高需求的寶寶，常用的「磨娘精」一詞已不足以形容他在寶寶時期爲整個家庭帶來的挑戰。因爲嚴重過敏，他幾乎完全無法擁有正常的睡眠品質；睡眠嚴重剝奪也影響他的情緒，處在很容易隨時崩潰的狀態，當然也因此嚴重影響他的學習。這些難以預期的挑戰，完全打破了我自認已經爲他量身訂做且「極盡所能保有彈性」的教養藍圖。和哥哥的雪地孕吐比較起來，弟弟應該可以輕易奪得戲劇化比賽冠軍。因爲在弟弟大約四足歲之前，不分日夜，睡覺時一定要有成人抱在懷裡，才能勉強擁有還算正常的睡眠品質，不會因爲搔癢驚醒，抓得滿身血痕後陷入無法停止的哭鬧。感謝當時我的母親和先生，和我一起度過那段艱難時光。我們把夜晚分成三個班次，晚睡的先生負責上半夜抱著他睡，我負責中間醒來輪班抱他，早起的外婆則負責清晨那一班，直到他的過敏狀況在四足歲漸漸好轉，可以有能力自己入睡爲止，才停止了這三班制的抱睡工作。

即使如此，我仍很確定，我自己的人初千日故事絕不是最戲劇化的那一個。如果開放讀者投書，我定然可以收到包含你的故事在內，各種難以計數的起伏劇情。你或許會認爲，我之所以能安然度過這些無比艱難的生命危機，是因爲我擁有一個還算漂亮的教養專家學經歷，而沒有相同學經歷的你，就需要我的或其他和我一樣的專家所提供的救贖。不過我想告訴你，在這過程中，當然過去的學習有幫上一點忙，但在所有該感謝的人事物之上，我最感謝的專業學習就來自這兩個生命的禮物——我的兩個孩子。他們是我在教養這件事碰上的唯二眞正專家與導師，只要虛心向他們學習，任何人在教養上都可以得到舉足進步與巨大突破。

喔！別誤會，你不需要來我家拜訪他們，因爲**你的專家就在你家**，要能在教養上建立起前面所說的人初千日父母四大智能，唯一能教你的人只有你的孩子。而你向他們虛心學習的方式就是透過「愛」，透過回應他們毫無保留、無條件的愛。別忘了他們可是打從受胎那一刻起就瘋狂愛上你，也該是你回報他們同等愛意的時候了。而這裡的愛（LOVE）有些特別方法，你得傾聽（Listen）他們、觀察（Observe）他們、珍視（Value）他們，以及賦權（Empower）他們，才能湊成眞正的愛，而不是控制的愛。

人初千日眞正的愛

學會「眞正的愛」和「控制的愛」之間的區別，不但是人初千日家庭的任務，更是爲人父母一輩子的功課。我們都想當個「好」爸媽，也一直這麼努力著，而做「好」每件事，總得有些計畫和實際執行的步驟，最好還有檢查表來評鑑，好讓我們端出好看的KPI圖表……

咦？你發現了嗎？這種執行方法你是否也不陌生？我並沒有開玩笑，如果你還繼續閱讀這本書，沒有放下，一定對這種執行計畫的方式有種熟悉感，因爲你正是我歸類爲「中產階級」爸媽的一分子。

所謂「中產階級」在社會學上有嚴格定義，我得先向那些年教我社會學的老師們慚愧地說聲抱歉，我已經完全不記得那些拗口的定義文字。而且經過這些年社會的大量變遷，恐怕這些定義也不知變了幾回。所以我在此任性地把我認爲的「中產階級」爸媽，直接定義成「吃不飽，但也餓不死的一群父母」，這絕不是戲謔的定義。

所謂的「吃不飽」是指包含我自己在內的我們，在成爲爸媽時，無論經濟上、時間上、人力上，都沒辦法完全隨心所欲，擁有取之不盡、用之不竭的教養資源，來游刃有餘地做出每一個完美的教養決定，並保證下一代好上加好；而所謂的「餓不死」則是指我們既然還能關切教養主題，就表示在應付自己的人生之餘，還有些「資本」和餘裕，讓我們「自認爲」可以在對子女教養的方法上做出選擇，以保持下一代在社會上的優勢，甚至更上一層樓。

台大社會系教授藍佩嘉在二〇一九年出版的著作《拚教養：全球化、親職焦慮與不平等童年》中，用「文化資本」（教育、品味等）、「社會資本」（人脈等）、「經濟資本」（金錢等）來稱呼這些「資本」。既然「中產階級」爸媽得在教養上投入並非無限取用的各種資本，自然會有形無形地檢視各種產出結果，這些教養結果就是藍教授在書中引用社會學家安德魯·索耶（Andrew Sayer）的用語：「教養益品」，也就是養育者所偏好追求的教養目標。雖然每個爸媽重視的教養目標不盡相同，但這些目標若達成了，一樣都會自覺是好爸媽，若無法達成，就容易懷疑自己在親職工作的效能，甚至懷疑人生。

而作爲一個吃不飽但也餓不死的中產階級爸媽，如果你回顧自己的成長歷程，通常會發現一直以來都還算努力，人生也不算太過失控。就像二〇一九年的戲劇節目《俗女養成記》中，由演員謝盈萱飾演的女主角陳嘉玲一樣，無論目前是淑女或俗女，我們一直習慣努力地往淑女角色的結局邁進，而且會不斷檢視成果，來看自己的人生能否算得上一個「好」字。一個當了爸媽的中產階級也是如此，習慣掌控人生、按部就班學習、事情照計畫進行、不斷確認成果，畢竟，這是讓我們可以成爲中產階級，並保持中產階級資格的好習慣，我們還不想放棄「好」這個字。然而，對大多數中產階級爸媽來說，養兒育女這件事因爲沒有出現在過去的正式學習中，自己的寶寶更恐怕是人生第一次碰到最不受控的人生事件，沒有道理可循，完全不負責任，還隨時可能失控，若眞要拿出KPI來檢視，恐怕會很難看……在這從不缺壓力的時代和社會裡，想拿到「好」字印章好難，努力還不一定成功，人生至此充滿了挫敗感。

如果讀到這裡，你發現這的確是你的人生經驗，這些話也講入你的心坎裡，請先跟我一起深呼吸，放下心防想想：你害怕失控的到底是什麼？你所愛的到底是什麼？你追求的「好」到底該用什麼來檢視？

無論是否想過以上問題的答案，你知道嗎？如果你確實感到過挫敗，其實，你的寶寶恐怕更挫敗，只不過他是「寶寶挫敗，但寶寶不會說」罷了，因爲他要的只是你的「眞愛」，卻往往不見得能得到。中產階級家庭的人初千日寶寶，面對這種求好習慣的爸媽，是很容易落入一種獨特「弱勢」──因爲爸媽總是求「好」心切，卻鮮少有足夠時間做有質量的陪伴，他們總是期待高，還很容易以「投資報酬率」來衡量教養的CP值；又由於中產階級家庭在各種條件上，鮮少是所謂高風險家庭，一般人因此很不容易從這個角度看到中產家庭寶寶的弱勢，使他們的弱勢向來是隱性的，不易覺察。多數中產階級爸媽無論是計畫性或非計畫性懷孕，當寶寶來臨，通常都會開始繪製各種教養藍圖；執行藍圖時，不但特別在乎外在評價，更往往因負有堅強的意志、優越的能力，能按部就班地控制各種變因，執行各種「以愛爲名」的教養計畫，就算挫敗也會覺得一定只是努力不夠，而能再接再厲，堅持執行，卻很少考慮過「或許這個計畫根本不適合我的寶寶」的可能性，忘了寶寶在這階段，唯一索求的可能只是你一次深情的回眸。寶寶作爲這個教養計畫中的消極被動者，完全處於淹沒式的無能爲力感中，只能被迫接受安排，總是抗議無效，除非爸媽開始在人初千日覺醒運動中意識到這獨特的中產寶寶弱勢，並開始從寶寶的角度反思，將寶寶納爲主動參與這個教養計畫設計的重要夥伴，甚至是老師與專家。也就是用傾聽（Listen）、觀察（Observe）、珍視（Value），以及賦權（Empower）的方式，來眞正愛（LOVE）他們，回應寶寶濃烈的初戀之愛，並向他們謙卑學習。

這種「眞正的愛」也是之前說過的成熟之愛，要練習當然不是簡單的事，何況你已經追求「好」這個目標這麼多年。所以接下來我想給你一點方向，告訴你在人初千日家庭階段，如果要同時照顧好寶寶和自己，你最需要追求的好不是從孩子的表現KPI來的，而應該做好根本的四件事，就是要以寶寶爲專家、爲師，學習找回：「好好的吃」「好好的睡」「好好運動」，以及「好好按摩」。這四個好好過日子的方法，能確保你在家庭進入人初千日階段時，還能保有身心靈健康的基本元素。當身心靈健康了，你才能和你的人初千日家庭一起繼續很有「LOVE」地好好過下去，而生命自會長成應有的樣貌。

好好的吃

當了爸媽的你，是否每天都「好好的吃」？或其實我應該延伸提問，你一直以來是否都有「好好的吃」呢？

「民以食爲天」是老生常談，西方也有俗諺：「人如其食。」古今中外都對吃很重視。在遠古時期食物取得不易，「吃」是維繫人類有機體生存的必要之事；到了現代隨文明演進，飲食則成爲一種文化內涵，所以我們總在有形無形地追求「好好的吃」。

很多人容易抱怨，生了孩子後很難好好吃飯，這或許是事實，但端看你認爲的「好好的吃」定義是什麼，不能好好吃飯眞的只是因爲孩子的到來嗎？還是你可能根本弄錯定義，其實從未「好好的吃」過？

腸胃是人類第二個情緒腦，或許你不見得讀過上述訊息的相關專業學術期刊，但人在快樂時，覺得自己可以吃下一整頭牛；情緒低落時，覺得自己吃什麼都沒胃口，甚至食不下嚥。這種第一手經驗你一定不陌生，人類可以說一生都在處理自己和食物的愛恨情仇。

探索傳播公司（Discovery Communications）旗下頻道ＴＬＣ一檔節目《沉重人生》探索許多飲食失衡者的故事。節目中每個主角都無一倖免地深受飲食問題所苦，情緒和壓力的長期積累導致他們從食物尋求慰藉，而帶來一連串的人生難題。除了暴食外，厭食也是另一種問題。林林總總的飲食失衡現況正嚴重衝擊和影響我們與下一代的健康，幾乎可以說，若「食物不夠吃」是人類先祖面對的重大生存挑戰，現代人的生存挑戰則是越來越不確定「到底吃進什麼食物」。

二〇一九年我寫下《人初千日寶寶副食品》一書，就是希望所有人在人初千日家庭階段就能開始好好的吃，建立一生和飲食的健康關係。書中提出人初千日食育四階段觀點，主要想提醒讀者「吃」這件看似基礎的事，其實需要有意識地學習，而且應該從人初千日原點就開始學習。當然胎兒還無法自己學，得靠親愛的媽媽從孕期就練習意識自己到底吃進什麼做起。

① **胎兒食育**：孕媽咪可以依照「彩虹飲食」原則——記錄自己每天吃進哪些顏色的食物，作爲人初千日食育的第一階段。

② **新生兒食育**：到了寶寶出生後只吃純乳汁的階段，讓寶寶從反覆吃的練習中找到自己身體和食物間的美味關係。不要過度依賴外來威權，強求寶寶嚴格的定食定量，只需運用觀察法則，記錄寶寶吃的狀態，找出特有模式，是人初千日第二階段食育。

③ **副食食育**：接著寶寶開始嘗試副食品了，讓寶寶漸進式地從乳汁轉換成一般食物，這是人初千日第三階段食育。重點在於運用父母四大智能——爸媽得先了解寶寶各方面和吃有關

的發展，這是「心智智能」；並擁有「情緒智能」，願意開始為寶寶和家人洗手做羹湯；在製作餐點時，能理性考量自己在廚藝、時間的種種資源與限制，產生「生理智能」；再運用「創意智能」做出獨一無二的家庭滋味，完成本階段的食育。

④家庭共食食育：最後進入人初千日第四階段食育，在大約一足歲之後，寶寶就可以開啓和爸媽一起嘗試更多人間美味的人生。

以上四個看似以寶寶為主體的食育階段，對新手爸媽來說，何嘗不也是一種開始學著好好的吃的過程？換言之，我們和寶寶間到底誰為師生，有時關係並不那麼明確，可說是教學相長；你在自己的人初千日階段可能也沒有接受過這樣的食育，能以寶寶為師、為專家，或跟著寶寶一起學習，又何嘗不是一種充滿溫度的幸福。

一直以來，人們對於吃的經驗好壞與否，其實從來都不是單純來自於當時的食物是否精緻、完美、符合健康原則，或是用餐環境是否燈光美、氣氛佳，更多來自和誰一起吃、吃的時候的心情。只是我們很容易被臉書、IG上的網美美食照迷惑心智，以為只有那樣吃才是「好好的吃」。試想以下情境：巧遇多年不見的好友，兩人一起坐在路邊攤揮汗如雨地吃擔仔麵，還是和評鑑你年度工作績效的老闆，如坐針氈地在五星飯店吃頂級牛排，哪一段經驗帶給你比較愉悅的「吃」的感受呢？答案應該很明顯了。餐桌上的溫度是許多現代家庭遺忘已久的滋味，而好好的吃可說是最直覺式地找回成就感和幸福感的方法。

當一個家成爲人初千日家庭時，如果太過度服膺外來威權，聽從所謂專家在飲食上的種種建議，一味追求「完美」的飲食標準，很容易就落入一種「有了孩子就不能好好的吃」的自怨自艾中。孩子加入後，家庭必然產生變化，有太多不可預期性，你一定得保持相當的彈性，但如同前面章節提到，雖然嚴格遵守外來威權沒必要，追尋內在權威的建立則不可少，唯有如此才能慢慢朝向好的方向前進。

我把食育分四階段進行，正是希望你爲孩子進行食育時，自己也能好好的吃。設想妳懷孕前若珍奶雞排不離手，那麼要求妳從一懷孕就開始改吃生菜沙拉恐怕不容易，而且也不一定健康（至少剝奪了妳的心靈慰藉食物，會導致精神狀態不健康）；但如果妳能因爲肚子裡的寶寶願意開始天天使用「彩虹飲食日誌」記錄，至少一星期檢討一次，並盡量在下個星期改善飲食內容，提高意識。如此一來，經過兩百八十天的孕期後，想必在身心靈上都會進步不少，或許也能影響另一半，建立起「好好的吃」的家庭準備度。等寶寶出生後，也相對地不會用嚴苛的外來威權標準，要求寶寶非得在固定時間吃進一定份量的特定食物，而能在符合內在權威的方向下保持足夠彈性，不但放過孩子，更放過自己，也放過另一半。妳也不會在另一半某一次鬆懈並違反了嚴格食物禁令、買速食給孩子吃時，引來一陣家庭革命風暴，反而能在親子一起學習吃的過程中享受家庭餐桌的溫度。

以上過程不忘也要回歸到向孩子這個唯一專家學習的本質，也是前面提過**真正的「愛」**（LOVE）的本質：

去**「傾聽」**（Listen）寶寶身體的聲音，也教他傾聽自己身體的聲音，看看食物啟動身體哪些不同的能量，建立身體和食物的美味關係，也才符合原始人類吃的本質。

父母還要**「觀察」**（Observe）寶寶每次對吃的經驗的反應，像什麼狀況吃得多，什麼狀況吃得少，什麼時候吃得快，什麼時候吃得慢等。雖然你可以在網路上輕易找到許多幾個月的孩子平均奶量多少、平均幾小時要餵奶的資訊，但也請別忘記，所謂平均值只是數字，在統計學上或許有意義，但對你獨一無二的寶寶而言恐怕意義不大，若他又是親餵母奶的寶寶，可能更是如此。回歸到寶寶本身，你針對孩子所做的第一手觀察紀錄資料，才對他意義非凡，更對人初千日家庭怎麼吃這件事上帶來極大啓發。

我也要請你**「珍視」**（Value）寶寶各種第一手吃的經驗，孩子或許還很小，但也因此隨時隨地都處在吸收資訊的狀態，吃會跟他的一輩子息息相關。請不吝惜讓寶寶有很多機會接觸和吃有關的一切，感受吃的美好，包括食材產地、備食、烹調，甚至食物繪本等，盡量增加家庭成員一起備餐的經驗，而不是想像只有在高級餐廳才是好好的吃。畢竟，能從經驗中知道，口中香甜的蘋果泥來自蘋果樹，經過包含農夫辛勤，果販搬運，親子一起參與烹調的努力，才能成就盤中美味，想必更能讓寶寶潛移默化出惜食愛食的情操。

最後，在愛中不能或缺的還有**「賦權」**（Empower），要讓孩子感覺他有權利決定吃的一切，知道你會尊重他身體的感覺，也從而意識到自己可以對吃有選擇的彈性，應該覺察到自己吃進什麼。

以上這些都是基本的身體權利，而不一定只能完全依照飲食專家提供的外部威權，是時候把「好好的吃」決定權拿回人初千日家庭手中。

好好的睡

睡眠對腦部發展非常重要，科學家已非常確定睡眠至少有兩大重要功能：

①**幫助免疫功能運作正常：**進入睡眠時，人體免疫T細胞可利用休息時間傳到身體各角落，其他免疫細胞也會運作得比較好，身體的器官、系統，包含肌肉、荷爾蒙等都可獲得修復。

②**提升學習和記憶成果：**人類的腦每天都在吸收難以計數的資訊量。龐大的資訊並不能立即

轉爲我們所用，必須透過一夜好眠。這些片斷性資訊才能從暫時性短期記憶區轉入強化的長期記憶區，過程稱爲「鞏固化」（consolidation），這樣的學習才比較有效。所以人一生要花三分之一時間在睡眠，長期沒睡好會讓身心靈健康付出很大代價。

但對於剛升級的人初千日家庭而言，要好好的睡似乎非常奢侈，最主要的原因來自寶寶睡眠型態和成人睡眠型態的差異，以及因而產生的睡眠落差，睡眠剝奪幾乎是人初千日家庭爸媽的日常。

成人一天平均需要七到九小時的睡眠，青少年八到十小時，學齡期孩子九到十一小時，一歲左右的孩子十一到十四小時，四到十一個月大的嬰兒十二到十五小時，新生兒一天更需要長達十四到十七小時睡眠，才能應付處理大腦和身體在清醒時的大量工作。年齡越小需要的睡眠時間越長，因爲寶寶的大腦尚在發展階段，要處理的各種學習任務十分複雜，自然需要越多的睡眠來優化大腦。

既然新生兒需要這麼長的睡眠時間，超過一天二十四小時的一半，幾乎都在睡的寶寶照理不該造成爸媽任何睡眠困擾，不是嗎？問題就出現在寶寶睡眠模式和成人的差異很大，大到讓新手爸媽筋疲力盡。

身爲成人，我們一天的睡眠幾乎都集中在夜間，最多只有一次的日間小憩，但寶寶（至少在新生兒階段）的睡眠時間則相當平均地分布在一天二十四小時，沒有很明顯的日夜模式。根據美國國家睡眠基金會研究，要到寶寶大約三到六個月大、體重大約五到六公斤時，才會慢慢發展出日間活動多於睡眠，且夜間睡眠成為主要活動的日夜模式。

換言之，初來乍到子宮外的寶寶，還需要些時間才能慢慢習慣地球有日夜的差異，身體也要長到夠成熟了，才能適應撐過夜間這麼長時間不進食，專心在睡眠上，讓大腦與身體有時間默默工作。多數人常誤以為睡覺時身心都處在停機狀態，但事實不然。睡眠狀態其實非常活躍，特別是寶寶，許多處理、儲存、強化機制都在持續進行中，只是工作型態表面上看似沉默，所以俗話說：「一暝大一吋。」也有人強調寶寶有時睡比吃更重要，絕非無稽之談。

但對新手爸媽而言，明明很需要在夜間獲得持續且充足的睡眠，以應付人初千日家庭高度需求並維持身心靈健康，但面臨寶寶這日夜不分的三到六個月（有些寶寶可能更長），感覺更度日如年。

同樣的，我依然無法在此扮演起你在人初千日階段睡不飽這件事的偉大救贖者，但還是想邀請你再次以孩子為師、為專家，試著學習一些在此階段還能夠「好好的睡」的策略。

首先在孕期，特別是第一孕期（懷孕初期），大部分孕媽咪會感受到前所未有的疲倦感，需要的睡眠時間特別長。別訝異，這不但是件正常的事，更是件好事，因為妳的身體現在正在發展胎盤，增加血流量，這些額外工作都需要更多睡眠來達成。

請務必「傾聽」肚子裡胎兒的聲音，其實也是傾聽妳自己身體的聲音，孕期把握機會就讓自己好好的睡。感受一下經過一次好眠後，那種身心靈得到修復的美好感受。睡得好之後，更能感受到生命的禮讚。

當然，隨孕期向前推進，到了第三孕期（懷孕後期），要睡得好已變得奢侈。身體沉重的負擔，特別是膀胱被子宮壓迫後的頻尿，讓妳不斷感受睡眠中斷的無奈。不過，或許這也是生命之神開始爲妳預習接下來三到六個月將面對的睡眠生理節奏。當過媽媽的人都知道，如果妳抱怨孕期睡眠品質不佳，那妳一定沒有眞正當過新生兒的媽媽，沒有體會過那種眞的很想把寶寶塞回肚子裡，帶著球跑還比較省心的有趣又複雜感受。眞心建議妳，如果還來得及，孕期請盡量不要熬夜，充足有規律的睡眠對妳對寶寶都很重要，長期睡眠剝奪是無法以之後多睡一些來補足的。若想試看看妳的身體能夠處在怎樣的熬夜極限下，請放心，接下來的日子妳至少可以實驗大約三到六個月。

當寶寶剛出生時，很多爸媽急切地想爲寶寶進行睡眠訓練。網路上訓練寶寶睡隔夜的教養建議如此多又迷人，若寶寶能早點睡隔夜，爸媽不就可以多些「Me Time」了嗎？

事實上，如美國國家睡眠基金會研究顯示，對三到六個月大的寶寶執行睡眠訓練，常是徒勞無功，甚至可能有礙寶寶發展。這些人生睡眠學校的新生還沒做好受訓準備，你唯一能做的其實只有針對自己的訓練。

以階段來看，依國內孕產照顧習慣，**建議新手爸媽在寶寶大約六週前，也就是產婦坐月子期間，盡量選擇讓新生兒處在有明顯日夜區別的照顧模式與機構中**。若選擇在家坐月子，夜間自然會有夜間的光線和相對安靜的聲響。到了日間，讓家人了解即使寶寶白天睡覺時，也不需特別降低音量和調暗光線，提供新生兒明顯的日夜模式。若選擇在月子中心，參觀時除了了解硬體設備外，最好也能了解月子中心在這件小細節上的安排。目前國內已有月子中心開始留意到日夜模式對寶寶回家後親子適應度的影響，而會在夜間降低燈光強度，減少嬰兒室聲量，是照顧品質上的進步。

新生兒在夜間往往也還有很大的哺育需求，這些需求是需要被滿足的，如果可以的話，盡量以不大規模移動新生兒身體的方式，來哺育寶寶。所以如果能親餵母乳可說是對此時親子最好的睡眠解方，因爲母嬰雙方都不需進入完全清醒的狀態。如果是瓶餵的寶寶，能有育兒幫手的話，請幫手至少協助一次夜間哺育，讓媽媽至少能保有一段還算完整的睡眠，一樣以不大規模移動新生兒身體的方式執行，讓新生兒在夜間仍保持相當的情緒穩定度。

「觀察」原則仍是新生兒階段以寶寶爲師、爲專家的關鍵字之一。與其爬文羨慕別人寶寶幾個月就可睡隔夜（請注意，這裡的「睡隔夜」恐怕每個人定義都不同），不如至少在日間記錄下寶寶每天的睡眠週期。

一般來說，新生兒每次睡眠長度大約一到兩小時，但天生就有至少一段相對長的睡眠，可以一次睡三到五小時，就是這段長睡眠，可作爲未來夜間長睡眠的基礎。如果日間都觀察不到這樣的長睡眠，可能很幸運地這名新生兒的長睡眠剛好發生在夜間，也會讓接下來的睡眠調整顯得容易許多。

由於並不建議父母對新生兒進行睡眠介入，因此比較需要的是新手爸媽對自我的睡眠調適，尤其月子期間的媽媽終於可以全心全意照顧自己健康，不需分心在工作上，最好能盡量在白天養成至少中午小憩的習慣。若可以做一些瑜伽運動自我放鬆，練習一些簡單的呼吸法促進睡眠品質，以質來補量的不足，也會非常有幫助。

試著減少使用3C產品的頻率，特別是躺在床上使用手機，這些行爲都對人初千日「好好的睡」一點幫助也沒有。畢竟這段時間要同時照顧自己和寶寶，過度希望保持原狀或失去原有的睡眠模式，對母嬰身心靈健康都不是好消息。我也想用「珍視」原則來呼籲你，看重這段時間的親子睡眠。

過了新生兒階段後，無論媽媽是否要回到職場，寶寶睡眠模式通常也相對於新生兒階段穩定些，可讓照顧者接續保持日夜的不同節奏，並留意寶寶的睡眠線索，幫孩子建立睡眠模式，像是：

① 留意寶寶長睡眠發生時段，白天或晚上做法不同：倘若新生兒階段觀察到的長睡眠發生在

白天，可以在要進入長睡眠前、但寶寶情緒仍愉快時，跟寶寶進行比較動態的正面互動，像是「動知瑜伽」「音樂手語」「親水律動」等，漸漸地延後寶寶入睡時間。不過，一旦寶寶出現揉眼睛、打哈欠這些線索時，還是要讓寶寶準備進入睡眠。若幸運地寶寶一開始的長睡眠就發生在接近入夜時，可以在入睡之前、寶寶情緒仍愉快時予以按摩，不管是多久前吃過奶，睡前仍然加一餐（以親餵最佳，瓶餵寶寶則不用非得著眼於寶寶是否「喝完」），觀察看看睡前這餐是否有延長夜間睡眠時間的效果。

② **建立寶寶睡眠儀式**：這一點很重要，如果睡前按摩和餵奶策略奏效，可以當成寶寶的睡眠儀式，寶寶出現想睡的線索時，就調暗燈光，降低音量，能全家一起入睡更好，畢竟爸媽在這階段也很需要睡眠。在寶寶很睏但尚未睡著前，就放上床，播放睡前音樂，或說睡前故事，幫助寶寶建立起萬一醒來還能「自己」睡著的能力。當然，如果寶寶需要進一步哄睡，也應滿足需求。如果寶寶半夜發出微量聲音，暫先不動聲色，看寶寶是否有能力再次睡著；但如果寶寶發出明顯抗議或哭泣的聲音，就要予以回應。這種使用固定儀式幫寶寶建立睡眠模式的方法是種「賦權」，並非威權而片面要求寶寶立刻調整作息，卻能漸漸地幫助寶寶建立起受用一生的能力。

睡眠過渡期因人而異，大約會持續三到六個月，一般而言，大約六到八個月大的寶寶通常就能在夜間入睡八到十小時，即使中間仍可能包含一次不完全清醒的吃奶需求，再次提醒爸媽，提早訓練「睡隔夜」對寶寶的發展並沒有好處，甚至對寶寶未成熟的身體和大腦是個負擔。

建議新手爸媽或許減少自己一小時的手機使用時間，就可以在這個睡眠過渡期同時滿足自己和寶寶的睡眠需求。在這人生關鍵期非常值得你為此投注心力。

即使是已長到六到八個月大以上的寶寶，仍要注意：

① 寶寶日間仍需多次小憩，以滿足身體大腦發展的需求。切勿誤會是日間照顧者讓寶寶睡太多，才讓寶寶夜間睡不好。

② 個別寶寶間仍存在極大差異，爸媽千萬不要有比較心態，就算贏得睡隔夜比賽，人生也不會取得任何獎牌。

③ 即使多數時間已經可以睡隔夜的大寶寶，仍可能因為各種生心理因素，像是生病、玩太累、成長爆發期等，突然有一陣子半夜又需要喝奶，或因惡夢驚醒。爸媽們仍應正視這些需求去滿足他們。

好好運動

運動有益身心靈健康，規律持續的運動習慣能維持肌肉適當的強度和耐力，輸送氧氣和營養到身體組織，並使心血管系統和心肺功能維持良好，提升整體能量狀態，雖然你不一定能做得到規律運動，但一定多少熟悉以上道理。

現在，你的家庭升級成人初千日家庭，有計畫繼續維持運動習慣嗎？或者說你有計畫開始為自己和家人，一起在人生新篇章上執行運動習慣嗎？

我發現為數不少的新手爸媽在迎接新生命來臨時，會開始處處以孩子為重，這是很好的態度，不過也常有爸媽一懷孕就刻意大量減少運動頻率，甚至完全暫停孕前的運動習慣。

懷孕是胎兒人初千日起點，也是媽媽身心靈的重大轉變時刻，更是其他家庭成員要開始自我覺醒教育的黃金時期。面對接下來的巨大任務，規律持續的運動習慣更能讓自己能量充沛地繼續走下去。所以只要體能可負荷，孕象也穩定，並不需完全停止運動。特別是在孕前就保持規律運動習慣的孕媽咪，讓已經習慣運動的身體還繼續能保持這種動的感受，可能比突然停止運動還要好。因為孕期母體身心靈改變都很大，讓已有運動習慣的身體慢慢隨改變的進程來調整並適應，也是很重要的。

不過話雖如此，也不代表孕媽咪應該全然輕忽孕期帶來的挑戰，認爲保持孕前的運動強度只是「一塊小蛋糕」，畢竟剛開始發展的胎盤、突然倍數成長的血流量、完全改變的荷爾蒙、全面性肌肉張力的改變、中後期體重的戲劇性增加等，這些都不是過去身體習慣的變化。所以在運動方式和運動量上，最好還是要虛心「傾聽」胎兒的聲音，也就是傾聽自己身體的聲音，在不過度造成負擔的狀況下進行。

也可以諮詢參考專業指導員意見，找出恰當的孕期運動模式和頻率。至於從沒運動習慣的孕媽咪，我一向認爲，孕期並不失爲一個開始建立人生規律、持續運動習慣的絕佳契機。這道理和飲食一樣，當我們還是一個人時，可能都偶爾讓自己吃吃不見得在健康上分數很高的療癒性垃圾食物，只要不過量，或許無可厚非，但現在開始要「一人吃，兩人補」，爲肚子裡的胎兒一起努力了，是個提高飲食意識的好時機。運動也是如此。和寶寶一起努力的人生是需要更多能量的，孕期身體分泌的荷爾蒙會讓肌肉張力變低，變得比較柔軟無力，但卻得承擔比較重的體重，若沒有恰當的鍛鍊提升能量，疲倦感很容易就沖淡孕期的期待感。

若你孕前沒有運動習慣，建議可先從一些溫和的運動做起，像是游泳、瑜伽等，都是在世界各地深受歡迎的孕期運動。如果想從事比較高強度的運動，一樣建議先諮詢專業人員後再嘗試，同樣也要循序漸進，來讓不斷變化的身體適應運動帶來的影響。我還是強調要以寶寶爲師、爲專家，用「觀察」原則記錄身體在孕期運動的各種反應，若有特殊不適，再於產檢時和醫療人員討論，調整運動計畫。孕期開始提高運動意識，進而建立運動習慣，不但能讓孕婦比較快樂（運動使人快樂相信已是科學界的共識）、體能比較充分，產程有機會更順利，也相對比較有能力在寶寶報到後有意識地以計畫好的方法持續運動習慣。

照顧新生兒在各方面負擔之大，已不需再贅述，有時候會大到新手爸媽覺得連要維持正常生活都有困難，因爲生活的一切都被這小東西塡滿了。但規律持續的運動能帶來能量這一點，在小寶寶出生後可能比孕期還來得更重要，所以沒理由放棄運動。只不過若產後要持續運動，需要更多刻意安排的巧思，且最好不受時空限制，還能和寶寶及其他家人一起進行。**國際間普遍的運動量建議值，是一般人一週至少五次，每次持續三十分鐘的中度運動，以維持身體效能**。這時間對行程滿檔的新手爸媽來說看似難以騰出，但其實若和照顧寶寶的需求一起考慮，不見得是不可能的任務。

國內坐月子風氣近年受到不少國家注意，是很好的文化傳統，讓人初千日家庭能有一段時間做好生涯角色的銜接，也可以把「好好運動」列入月子照顧的待辦清單中。剛生產完還在坐月子的產婦，因爲能專心照顧好自己和寶寶，是做產後運動的好時機。

以下介紹國民健康局多年來一直推廣的八個簡單產後運動，外加一項凱格爾運動。這些動作因爲簡單易行，場地設備限制少，就算寶寶在身邊也能做，是產後坐月子期間的運動首選，長保運動習慣不中斷。

簡單產後運動

・凱格爾運動：

從產前就能進行的運動。重複收縮、夾緊肛門周圍和尿道口及陰道口的肌肉，像忍住大小便一樣。此時收縮的肌肉叫骨盆底肌群，也就是身體底部的肌肉。收縮後，再放鬆，就這樣一縮一放重複做。運動時要照常呼吸，不要憋氣，初期控制骨盆底肌群收縮時間大約3秒，放鬆時間大約5秒，慢慢建立之後，再延長到7到10秒。

・產後胸部運動：

產後第二天就可進行。仰臥，身體放鬆，手腳伸直，慢慢吸氣讓胸腔擴大。收縮下腹肌肉，讓背部緊貼地面，保持一會兒後再放鬆。重複這運動5到10次，可慢慢調節產後腹部肌肉彈性與張力，不介意的話寶寶可趴在媽媽腹部，爸爸也能一起運動。

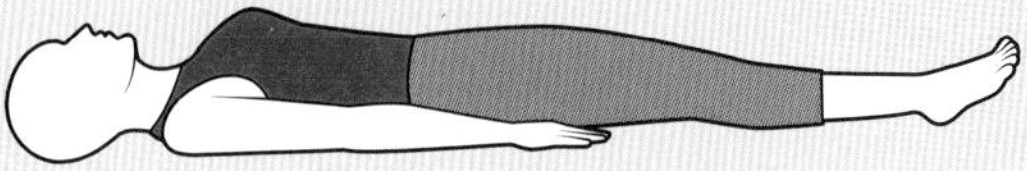

・產後乳部運動：

國健局建議產後第三天就可進行，一樣先仰臥，身體放鬆，兩隻手臂打開向左右平伸，再上舉到胸部上方貼合。過程中都要保持雙臂打直不彎曲，重複5到10次，可讓孕期被擠壓的肺部恢復良好肺活量，並讓此時乳腺充沛的乳房保持良好彈性。寶寶一樣可趴在媽媽腹部，爸爸當然也能陪著一起運動。

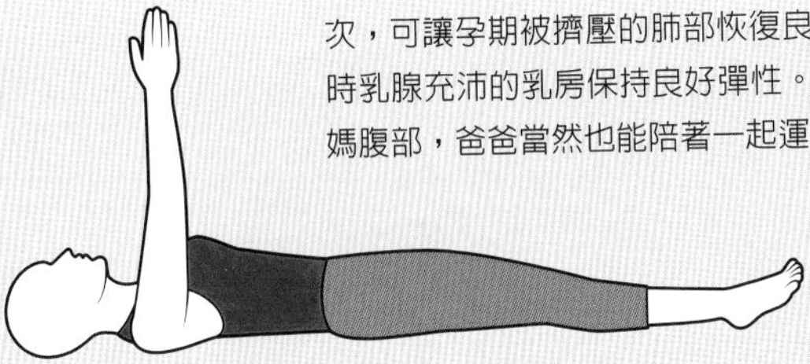

・產後頸部運動：

產後第四天可開始做。一樣仰臥，身體放鬆，手腳保持伸直，用力把頭部抬起，盡量前屈來靠近胸部，然後再躺回原處，不斷重複。這個運動可讓產婦在孕期因姿勢改變可能造成頸部和背部的不適獲得舒緩。寶寶可趴在媽媽胸膛，媽媽抬頭時試著和寶寶頭碰頭，爸爸也可陪同運動。

・產後腿部運動：

產後第五天可開始做。仰臥，身體放鬆，雙手貼平地面，將一隻腳往上伸直到垂直角度，腳尖盡量往上伸直，膝蓋保持打直不彎曲。持續幾秒後放下換腿，這樣重複一段時間。最後雙腿一起往上舉。這運動能讓產後的子宮和腹部獲得良好收縮，也讓孕期被壓迫的下腔靜脈可以得到舒緩。寶寶一樣可趴在媽媽腹部，爸爸也可一起運動。

・產後臀部運動：

產後第八天可開始做。仰臥，一隻腿伸直，另一隻腿屈膝彎向胸腹部，腳掌靠近臀部，然後再伸直放下，接著另外一隻腳也做相同運動，輪流進行。可運動到臀部和大腿肌肉，寶寶也可趴在媽媽胸部，爸爸也是可以一起進行。

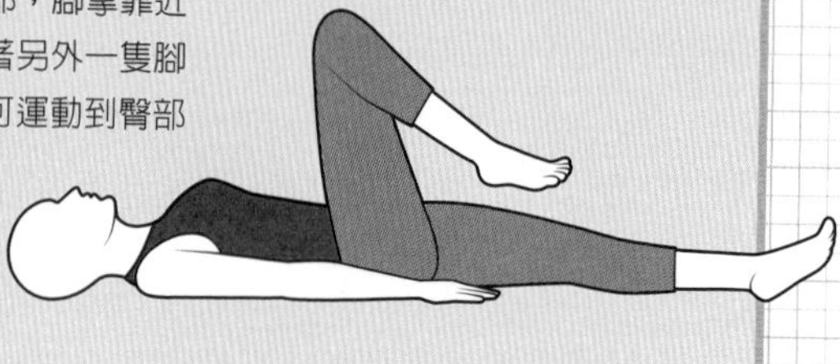

· 會陰收縮運動：

產後第十天可開始做。仰臥，雙手平貼兩側地板，膝蓋彎曲和地面呈直角後，把身體整個上撐起來。上半身用肩膀撐住地面，膝蓋彼此併攏，雙腳分開。在此同時收縮臀部肌肉。這運動有助收縮陰道肌肉，預防子宮和膀胱下垂，讓這些重要器官漸漸回復到產前狀態。寶寶可趴在媽媽胸部，爸爸可以一起運動。

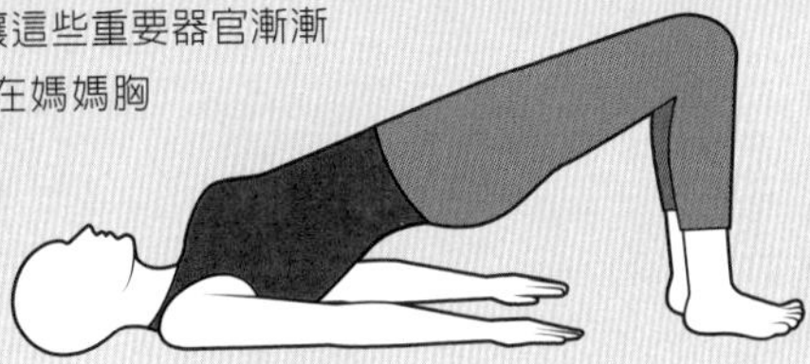

· 子宮收縮運動：

產後第十五天可開始做。先趴臥地板上，雙手放頭部兩側，雙膝分開大約與肩同寬，身體慢慢向上弓起。盡量保持胸部和肩部仍貼在地面，腰部挺直不彎曲，維持這姿勢約2分鐘後再放鬆，可重複進行。這個運動又稱為「膝胸臥式」，可幫助子宮回到正常位置。完全可以在寶寶在身邊時進行，爸爸也可一起。

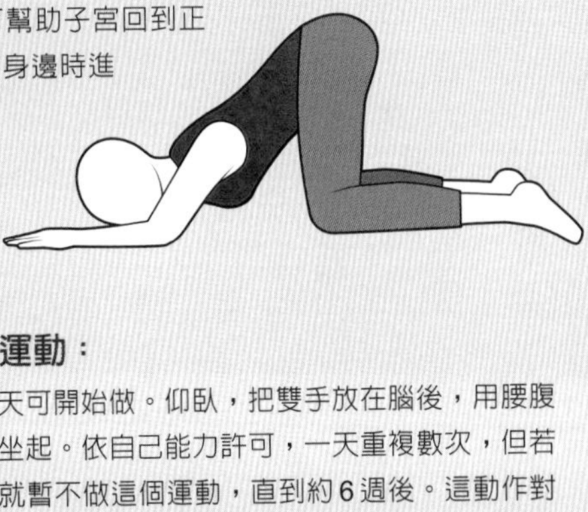

· 產後腹部運動：

產後第十五天可開始做。仰臥，把雙手放在腦後，用腰腹力量讓身體坐起。依自己能力許可，一天重複數次，但若是剖腹產，就暫不做這個運動，直到約6週後。這動作對產婦產後急須收縮的子宮和腹部肌肉很有幫助。不排斥的話，寶寶可以趴在媽媽的腿上，爸爸可以一起。

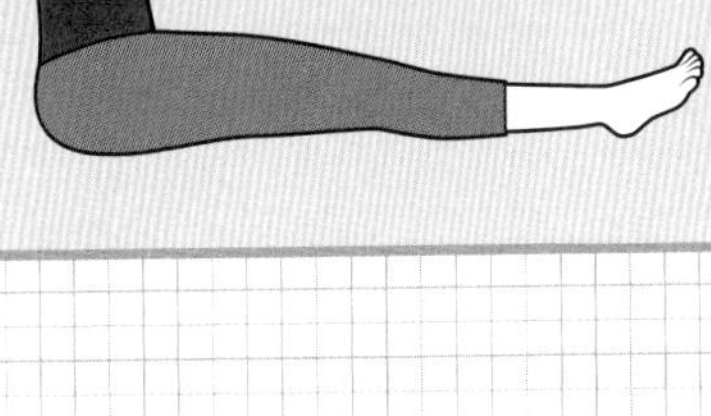

介紹簡單產後運動的目的，是希望新手爸媽意識到這並非遙不可及，也不一定得到裝潢設備新穎先進的健身房才算運動，寶寶和另一半更是妳產後做運動時的最佳夥伴。產後能維持運動，坐完月子後，更可以和寶寶立刻無縫接軌地一起持續運動。一般公認適合親子一起進行的運動，包含瑜伽、親水活動等。若能做到這些，好好運動的目標也算達成，也給自己的身體與大腦不少禮物。

在好好運動上，我要再次強調以寶寶爲師、爲專家的觀念。嬰幼兒似乎天生就是非常優秀的運動家，因爲他們正在習得各種必要的動作能力階段，總會藉各種活動建立自己和周遭環境的關係。所以除了睡覺外，寶寶幾乎無時無刻不在動，要能在人初千日好好運動，怎能錯過這些優秀的人生導師呢？

除了做到前面的「傾聽」與「觀察」寶寶活動外，更要「珍視」寶寶這種難能可貴的天賦，學習他們不怕嘗試的運動精神。最後更應做到「賦權」，賦予寶寶們天生動的權利，讓他們從動的過程中建立更多能力，你會發現寶寶是你這一生遇過最天賦異稟、教你好好運動的教練。

好好按摩

你認爲一個人應該多久按摩一次？一年一次？一季一次？一個月一次？或是一星期一次？如果我說，我們每個人都應該天天按摩，你會不會感到驚訝與不可思議？

說到按摩，多數人想到的要不是在峇里島放鬆且奢華的房間內，瀰漫著花草香氛、耳鬢插著一朵鮮花的按摩師，輕柔地用手在你身上來回撫摸每一寸肌膚；要不就是一個穿著唐裝、氣質莊嚴的老師傅，隨著身體骨骼和肌肉構造，把你的身體扭過來又彎過去。換言之，大多數人仍傾向把按摩視爲一種奢華的、嬌寵自己的事，也通常認爲按摩是有錢、有閒才能享受的奢侈活動。

但其實按摩是種源自哺乳類動物的本能行爲。在地球動物演化過程中，因應自然環境挑戰，哺乳類演化出對後代細膩的照料行爲，這些行爲就包含了哺乳和舔舐。所有哺乳動物幾乎都有親近者彼此舔拭的行爲，我們常可看到其他哺乳動物，例如和人類很親近的靈長動物獼猴，聚在一起彼此撫觸舔舐，特別是在哺乳類動物面對懷孕、生產或育兒的關鍵時間點，這種行爲特別明顯。而當人類演化出非常獨一無二的雙手後，按摩就相當於哺乳類動物共有的舔舐行爲。

我將「按摩」和「飲食」、「睡眠」與「運動」一起列爲人類這種哺乳動物維持身心靈健康的必要活動，是〇到九十九歲的每個人，尤其在人初千日家庭階段都應該每天獲得的照護方式。

而按摩面臨的最大挑戰往往是「觀念」和「覺醒」程度的問題。試想，若我向你強調，天天都該讓人初千日家庭吃健康飲食、天天都該獲得充足睡眠、天天都應規律運動，你非但不會訝異，更有可能一心一意要求自己和家人遵行，就算無法身體力行，至少你不會懷疑這些觀念的正當性，但唯獨對於天天按摩這件事，常見的懷疑念頭和焦慮卻是：「這樣不會按成習慣嗎？」

我們希望養成健康飲食習慣，有充足睡眠習慣、保持規律運動習慣，卻擔憂經常按摩按成習慣？這樣的觀點透露出一個訊息，我們對於按摩的益處認識太少，了解不足；再加上按摩的感覺太美好，我們不習慣，更難以置信一項對我們有好處的事，竟可以如此令人享受。大部分人認爲健康飲食雖重要，但可能不夠好吃；規律運動雖重要，但身體會疲累；睡眠固然很重要，但你很難掌控；而按摩怎可能既令人享受又簡單可行，還對健康有好處？

事實上，按摩就是這樣特別。爲了讓你安心愛上按摩，我先簡單列舉幾個按摩對健康有明顯好處的例子，讓你知道享受按摩的美好時，其實也正爲健康做出貢獻。

好處一、按摩可減少身體的肌肉結

肌肉束纖維在身體各部位是由不同方向組成的，彼此層層交疊，所以身體才有彈性做各種大小動作，包含彎曲、跳舞、轉身、運動等。肌肉本身就需要堅韌並富含彈性，但人體若過長時間保持固定動作，像是長坐電腦前，或是受到傷害，甚至長時間水分攝取不足，肌肉會開始失去活動力和彈性，各處肌肉束纖維會黏結在一起，這種因肌肉黏結產生的僵硬感和腫塊感就是「肌肉結」。

肌肉結雖很常見，但並不表示正常無害，它對肌肉造成的慢性壓力會造成肌肉組織微創傷，形成傷疤組織。如果一直忽視，肌肉組織會漸漸失去彈性，甚至造成無法回復的傷害。要避免肌肉結過度增生，除了補充足夠水分、充足休息、伸展外，最好的方法就是按摩了。每個人在所有年齡層都需要充分均衡的按摩，這不單只是一種嬌寵自己的方式，而是一種必要的對身體的保健之道。

好處二、按摩可以給予結締組織良好的刺激與舒緩

每人每天都要按摩的好理由，除了減少肌肉結外，還有另一個重要的解剖學相關原因。

人類的身體在骨骼與骨骼間、骨骼與肌肉間、肌肉束與肌肉束間，存在一層半透明狀的物質，這些物質通稱爲「結締組織」。這層結締組織對身體有難以言喻的重要性，可以吸收人類身體活動時產生的各種力量衝擊，也會傳遞很多觸覺相關訊息。

這些結締組織就像桌子上的透明墊，如果長期被一個杯子壓著，就會慢慢出現不易恢復的凹痕。我們日常生活中常出現許多重複動作，像爸媽或照顧者常抱孩子、整理家務、久站等，都會造成身體特定部位的結締組織彈性變差、形狀變形等。結締組織也是身體的淋巴液等體液流通的重要部位，倘若沒有保持柔軟與彈性，就容易衍生很多身心靈疾病和不適。

而就像桌上的透明桌墊一樣，最簡單可行的保養方式之一，就是經常在放杯子上去之前及之後，溫和而持續地揉捏搓拉透明墊子，或用暖和的溫度保持墊子的柔軟。可以想像，一個沒有生命的塑膠墊尚且可以因爲按摩獲得好處，屬於有機體的人類身體，更可因爲按摩這種方式的照顧和介入，讓身體機能運作保持柔軟與彈性，使淋巴液暢通無阻，以維持健康的生心理機能。所以**「按摩」可說是一種最好的保健照顧方式，同時完全沒有副作用**。

以上兩個簡單概念：「肌肉結」和「結締組織」，只是衆多你不可不按摩的生理性原因之二，對身心靈健康的好處和重要性還有想像不到的多，充分說服我們每天都要接受美好按摩。

但雖然○到九九歲的每個人，都值得天天享受美好的按摩撫觸，可是處於人初千日的孩子更需要，一方面是中國古醫書中明確提到「小兒臟腑清靈」，這代表嬰幼兒（古中國醫書中的「小兒」概指六歲以下嬰幼兒）因爲所食五穀雜糧比較單純，所經歷的喜怒哀樂情緒比較簡單，所以整體呈現清淨靈動狀態，富含彈性，也容易受外界環境影響。這樣的特質會讓按摩在嬰幼兒身上的作用特別明顯，也特別有幫助，所以非常值得爸媽和照顧者應用在心肝寶貝的照顧上。

另一方面，誠如前面所說，一般人對按摩作爲日常照顧方式的意識並不高，很多人甚至是鮮少接受按摩。但若能從人初千日第一階段就開始進行規律按摩，比較容易培養出有按摩習慣的家庭，畢竟包含爸媽在內，此時經歷的重大角色轉變也需要按摩帶來的療癒感受。

孕媽咪若在孕期就開始接受規律按摩，能明確感受到按摩對孕產期的幫助。寶寶出生後，就會更有動機持續爲寶寶按摩。

而在寶寶方面，正如從小就攝取健康飲食、擁有良好睡眠、進行規律運動的孩子，較有機會建立良好的飲食、睡眠和運動習慣一樣。從小接受按摩的寶寶，不但容易建立起一輩子按摩的好習慣，父母也更能在按摩過程中，和孩子一起學習身體界線的議題，建立對身體的自主權觀念。這也是爲什麼CBM母嬰按摩聯盟致力於推廣從人初千日階段開始按摩的重要原因。

但即使了解了按摩撫觸對人類一生的重要影響，很多人仍不免有迷思而質疑：「誰那麼有錢有閒，天天按摩啊？」我建議，偶爾接受專業等級的按摩服務，絕對是忙碌的現代人值得爲健康做的投資，不過你我最應建立的按摩習慣，卻是家庭成員彼此間的按摩。這裡的家庭成員，可延伸解釋為「處在同個屋簷下的成員」，當有緣分待在同一個屋簷下，不管實質關係為何，都適合彼此以按摩增進相互的關係和身心靈健康。

在按摩過程中，首要應先尊重彼此的身體界線，無論是親子、配偶、同事、同學、親師之間，都應該建立起恰當而尊重的碰觸方式和部位。這樣的按摩不但能持續而規律，更因為滋潤了彼此關係，有助於身、心、靈健康。特別是人初千日家庭，若每個成員都能夠獲得豐富專業的按摩教育，家庭內的按摩通常甚至更勝偶一為之的專業按摩治療，像是孕媽咪能感受配偶投入，配偶角色得以成長，家的感覺建立，並能開始培養和胎兒親密連結的情感。

此外，家人間的按摩，除建立尊重彼此身體的習慣外，同時也能減少專業按摩時的身體界線禁忌。人體有許多淋巴系統很需要接受按摩，卻位在比較接近隱私的部位，像鼠蹊、腋下、頸部，這時就很適合身為配偶的家人相互按摩，這也是專業按摩常無法做到的部分。

當然，在「好好按摩」議題上，我還是要再次強調以寶寶（或被按摩者）為師，去「傾聽」對方對按摩的感受，「觀察」對方的身體對按摩的反應，「珍視」這種親密互動的機會，並「賦權」對方，由對方決定要接受哪些部位的按摩、哪種類型的按摩、按摩力道的輕重等，感受你的尊重。

從人初千日開始，就建立家庭按摩傳統，是我們可以為下一代和自己準備的愛的禮物。開始永遠不會太晚，就從今天起，為所愛的他／她／牠伸出愛的雙手：「我按摩，故我在」吧！

探討了以上四個「好好過日子」元素後，你可以想像，當你的生命進入孕育下一代的階段，下一代正處於人初千日的關鍵階段，從演化學角度來看，你已是物競天擇的大贏家，可以爲自己的成就感到欣喜，不需再以子女是否表現出別人眼中的出類拔萃，變成自己和孩子的枷鎖。只要你能在這關鍵階段和家庭一起「好好的吃」「好好的睡」「好好運動」「好好按摩」，你爲生命本身做出的貢獻已值得生命之神在你的額頭上蓋上大大小小「好」字金星印章，寶寶的生命本身也早已値得最好的禮讚。這也是從外來威權解脫的一個重要步驟，用眞愛（LOVE原則）方式以寶寶爲師、爲專家，學習回到內在權威的建立，也是種人初千日覺醒。不過，就像職場新鮮人需要「教育訓練」一樣，了不起的「爸媽CEO」人生，在執行人生中最酷、最値得驕傲的人初千日計畫案時，如果有些具體練習方式，應該可以助你更氣定神閒、游刃有餘吧？

接下來就要帶領你初步認識六大人初千日STEAM教育，不但是從人初千日寶寶的八大關鍵發展而來，得以滋養孩子大腦與神經發展、社會與情緒發展、生理與動作發展、認知與語言發展，更以寶寶爲專家、爲師，強調向寶寶學習；並以「LOVE原則」回應寶寶，讓你從練習中慢慢獲得滋養而建立起父母四大智能，慢慢一起好好過日子。以具體的步驟來滿足中產階級式的學習習慣，相信你會向寶寶學到更多珍貴課題。

人初千日覺醒：淚光閃閃的幸福

帶著八歲女兒晴晴與世沛重組人初千日家庭的佩珊，很幸運的在懷孕初期就開始接觸人初千日課程。相對於同班的其他配偶都選擇享受兩人甜蜜按摩時光，她堅持帶晴晴一起上課。

課堂中世沛在為佩珊按摩時，晴晴總喜歡貼在媽媽身上，媽媽也會伸出手來為她按摩，這過程常讓佩珊情緒忍不住湧上心頭而落淚，但也深化了這個嶄新的人初千日家庭三人行的感情。

晴晴和世沛已經說好，等肚子裡的寶寶出生，她要和世沛叔叔排班，陪佩珊去上人初千日寶寶課，因為她已經迫不及待想成為大姊姊了。

CH 5

人初千日
6大STEAM教育

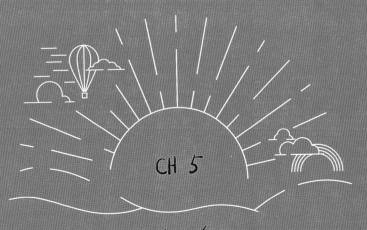

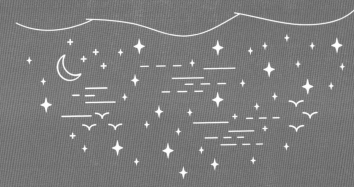

人初千日真實故事：當相愛的人不再相吸

余玉出身小康家庭，從小就是爸媽的掌上明珠，獨生女的她在物質和情感上從沒缺乏過。事業成功的爸爸是在第二次婚姻才和媽媽結合的，爸媽感情一直很好。雖然爸媽很少說到爸爸前次婚姻成立的家庭，但余玉知道爸爸前妻是因為憂鬱症離開人世。她有個大她十多歲的哥哥，從懂事以來就和他的外公外婆長住美國。爸爸總說老天給了他第二次機會，所以他格外珍惜這個家庭，從小到大的記憶中，爸爸從未缺席過她的成長，也常開玩笑說，以後哪個男生想娶他的小公主，得先過他這關。余玉也一直相信未來她會遇到和爸爸一樣的白馬王子。

成偉則來自完全不同的家庭。成偉爸爸會打人，打孩子也打太太，生活不如意喝醉時打得更兇。成偉從小就會保護媽媽和妹妹，常抱著她們被喝得爛醉的爸爸毒打一頓，身上留下很多傷痕。這也讓成偉在青少年期顯得更為孤僻，總一個人安靜做自己的事，是班上的獨行俠。成偉高中時，媽媽終於下定決心和爸爸離婚。堅強的媽媽獨力撫養成偉和兩個妹妹，優秀又成熟懂事的成偉在此時似乎更像家中真正的爸爸，和媽媽一起扛起這個家。

或許這樣的反差讓余玉和成偉相互吸引。兩人在外商公司工作時因業務往來進一步交往，優秀的工作能力和出色的外型，讓他們成為夥伴口中的金童玉女，結婚時受到眾人熱烈祝福。婚後幾年雖難免有些小衝突，但「幸福」仍是大家想到他們夫妻倆時第一個浮現的形容詞，優渥的薪資福利和相似的工作內容讓他們都很能享受生活，彼此支持。

不過就在他們婚後三年、寶貝兒子饅頭出生後，幸福景象開始出現裂痕。兩人工作都很忙碌，因此兒子從小由托嬰中心照顧；外商公司出差機會多，競爭也激烈，夫妻倆每次都為了誰要留下來照顧寶寶而起爭執。雖然余玉爸媽很樂意在這些狀況下幫忙照顧孫子，但成偉並不認同他們太寵孫的照料方式，擔心饅頭心智不夠強韌。對此余玉很不以為然，她以自己的成長經驗為例，認為給寶寶愛並不會寵壞孩子，成偉卻堅持必須從小給孩子磨練，才不會養成軟弱個性，也才能面對未來人生各種競爭和挑戰。

雖然兩人經濟充裕，成偉對余玉愛買寶寶用品給饅頭的態度仍頗有微詞。為了減少吵架次數，余玉常偷買東西之後藏在外公外婆家，或謊稱這是外公外婆贈送的禮物。不過這反而增加夫妻倆吵架的機會，吵到急了，余玉會說這是成偉內心自卑感作祟，成偉也會回敬說這是余玉原生家庭養成她的公主病。

成偉堅韌的意志和余玉浪漫樂觀的個性，這些本來在交往期間相互吸引的特質，現在卻成了彼此眼中的缺點。兩人近日開始接受婚姻諮商，希望不要走上離婚一途……

人生學無止境，更多人說，我們都是當了父母才學做父母。面對人初千日這一生中最重要也最脆弱的階段，你該付出的努力確實再多也不爲過，才能在過程中慢慢建立起父母「四大智能」，用「LOVE原則」向寶寶學習「好好的吃、好好的睡、好好運動、好好按摩」，以維持身心靈健康，還能滋養寶寶的「八大關鍵發展」。

要想具備以上能力，你需要非常具體的學習，就像學做木工，你得從一次次基礎操作建立匠心獨具的素養。爲了能讓你順利升級，除了一般你想像得到的新手爸媽傳統學習外，我提出了六項具體科目，希望能幫助你學習，我把他們稱爲人初千日六大STEAM教育。

爲什麼要強調STEAM教育？

如果你對教育議題感興趣，可能已對STEAM多少有點熟悉。

STEAM本爲STEM，是教育界的一波創新風潮。無論是STEM或是STEAM，你可能會好奇，爲什麼教育要強調STEAM呢？強調STEAM主幹核心的教育，有何不一樣的意義？

教育界的STEAM風潮

STEAM本為STEM，是教育界的一波創新風潮，最早在2001年時由當時美國國家科學機構負責人、同時也是生物學家的茱蒂絲．拉瑪萊（Judith A. Ramaley）在發展創新教育課程時提出。

STEM 四個英文字的縮寫分別代表**「科學」**（Science）、**「技術」**（Technology）、**「工程」**（Engineering）、和**「數學」**（Mathematics），而從「stem」這個單字的原意「主幹」，不難看出此一創新浪潮的核心意義為試圖找出教育的主幹精神。

STEM教育風潮來到2016年時，被加上**「藝術」**（Art）而成了STEAM。這是當年美國當代藝術家前田約翰，獲邀出席協和大學第五屆年度維克托．阿提耶（Victor Atiyeh）州長教育領導獎項頒獎典禮上，在演說中提出的概念。他認為要加上「A」才完整了教育核心，也獲得普遍認同。

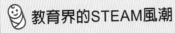

教育作爲一種積累過去經驗，解決現在困境，面對未來挑戰的人類文化行爲，從古至今教育者一直在追求教育的意義，只因在意義上定錨後，才能決定「教什麼」以及「怎麼教」。尤其近代因爲世界變遷快速，往往不出幾年功夫，一些曾經很夯的學習項目瞬間成了乏人問津、甚至不再存在的科目，所以教育界強烈希冀找出教育的核心主幹意義，企圖植入各種不變的最根本元素，如此一來無論世界如何變遷，都能讓受教育之人在過程中獲得「叩問」「對話」和「批判性思考」的能力。也唯有這些能力，才能在資訊不斷變遷的時代，整理、歸納出有用的資訊作爲知識，再把知識應用在不同情境，成爲智慧。

而ＳＴＥＡＭ涵蓋的項目，就是當代教育學界認爲在教育核心主幹中應有的元素，能讓學習者獲得前述那些能力並持續面對變遷快速的世界。所以**ＳＴＥＡＭ並非單指科學、技術、工程、藝術和數學這些科目，而是一種以「動手做」代替平面、去情境化資訊的精神，建立而成的素養**。

目前最常談論ＳＴＥＡＭ教育的場域莫過於各級學校。校園作爲執行現代教育最主流的場所，各界都期許學校不要只讓孩子去情境化地學習各種「資訊」，而要在動手做科學、技術、工程、藝術和數學的過程中，獲得能在所有情境解決問題的叩問、對話與批判性思考核心能力。想當然爾，這樣的風潮也誘發一連串教育實驗與創新運動，影響許多家長面對子女教育的態度。

親子一起動手做！6大STEAM教育滋養全家人

然而，STEAM教育若想更成功、更上一層樓，需要接受STEAM教育的對象並不只是孩子，更重要的還有家長，特別是剛升級爲人初千日家庭的父母。

家庭爲每個人一生帶來最深刻的影響，聖賢、凡人或惡魔都可能來自家庭。無論孩子STEAM教育學得多深刻，獲得多少叩問、對話與批判性思考的核心能力，若找不到自己在人生中的定錨點，仍會像大海中沒有定向的船隻般悵然若失。就像電影《心靈捕手》中，在麻省理工學院擔任清潔工的年輕叛逆天才威爾，雖然在高等數學上有過人天賦，卻總是封閉心靈，無法面對自己和接受愛情帶來的親密感；直到羅賓・威廉斯飾演的教授幫助他回到童年原點，爲心靈深處那個曾經受傷的小孩療傷後，才有辦法繼續開展人生新章。

由此可見，定錨點永遠在家庭，永遠在人初千日。這個「原點」何其重要，也因此家長的教育絕不能等，滋養孩子教育的同時，需要同時滋養家長的教育，才能讓孩子的人生從人初千日開始就有穩定的錨點，發揮一生一次、一生一世的作用。

就像STEAM教育強調的，人初千日六大STEAM教育也不只是去情境化的閱讀平面資訊或接受外在威權，而必須是能讓父母在「動手做」的過程中，和寶寶面對面互動，在情境中歸納成知識，獲得在教養裡能自主解決問題的叩問、對話與批判性思考能力，才有辦法建立智慧。這種智慧就是父母四大智能，唯有如此才能解決和面對新世代的各式教養難題。

「NUTURER【人初千日】寶寶專家平台」在滋養人初千日家庭上原創的具體教育方案，包含全方位跨領域的：**CBM寶寶撫觸按摩**、**CBM孕期產期按摩**、**DS動能知覺瑜伽**、**BSS寶寶音樂手語**、**IAF寶寶親水游泳**、**NBF人初千日食育**六個科目。這六項就是人初千日家庭STEAM教育：其背後均有實證的科學（S）研究，特別以大腦科學研究作為基礎；每種學習方案都有具體的技術（T）需要父母重複操作，包含寶寶按摩與孕產按摩的手法、瑜伽的動作式、手語的字彙、親水的抱姿和食育的食譜；在執行各種技術時，都要設計、建立和應用一連串機制，也就是工程（E）的精神；在應用這些操作性教養任務時，會融入許多藝術（A）形式，像按摩時的唱和、手語配合的舞動、餐點擺盤時的色彩與美感等；並因為這些互動形式具體，親子間更可以建立許多在數、量、空間等屬於純數學（M）上的抽象概念，或是屬於應用數學範疇的家庭經濟理性安排。

六大STEAM學習更全都緊扣著關鍵的人初千日八大發展：大腦與神經發展、社會與情緒發展、生理與動作發展，以及認知與語言發展，以滋養爸媽的方式，循序漸進地來學習，強調愛的「LOVE原則」，讓爸媽慢慢產生回應寶寶的愛、滋養寶寶的能力，最後整個家庭都獲得滋養，並擴及社會。

這些STEAM教育都視寶寶爲專家、老師，引導爸媽向寶寶學習，讓人初千日家庭每個成員都能成爲彼此的「寶寶按摩專家」「孕產按摩專家」「動知瑜伽專家」「親水游泳專家」「音樂手語專家」「家庭食育專家」。如此一來就不需在教養上事事外求去情境化的外來威權，能找到無論情境如何變動都足以應用的主幹式內在權威。

針對這六大STEAM教育的每個科目，「NUTURER【人初千日】寶寶專家平台」個別提供了至少三個實體學習的正式管道，包含：①全球講師培訓課程、②檢定證照課程、③親子學苑課程，在全國約二十所一流大學都能學習。該平台也與親子天下合作線上課程，此外更有衆多相關講座課程。

接下來也爲大家基本介紹，讓你更加認識人初千日STEAM教育的重要內涵。

CBM孕期產期按摩

懷孕和生產是女性一生中變化最劇烈的階段。當寶寶在母體內日漸長大，媽媽連姿勢和走路方式都會明顯調整，以因應懷孕帶來的改變。莎士比亞稱這現象爲「孕婦驕傲的步履」。

此時，也是人初千日家庭的誕生。在孕產階段，除了孕產婦本身會經歷許多身心靈的衝擊外，孕產婦的家人，特別是配偶，也會和孕產婦一起經歷諸多身心靈的雲霄飛車。若能在此階段明確提高每個家庭成員的人初千日意識，準備度自然會大大提升，所以此階段的實質學習不可或缺。

CBM三個英文字母分別代表兒童（Child）、嬰兒（Baby）、與媽媽（Mommy），而CBM母嬰按摩則包含「CBM寶寶按摩」和「CBM孕產按摩」兩個主要按摩相關教育。由於一般人對「好好按摩」在健康上的意義覺醒度普遍不足，CBM母嬰按摩最核心的理念就是推動屋簷下相愛的人彼此間的按摩撫觸，我們期待有機會待在同一個屋簷下的有緣人都可以維繫好緣分，藉按摩的溫度推動人與人間實體的溫暖互動，以及建立對彼此身體界線的尊重，並讓按摩常態化爲人際互動的日常。雖然整體CBM目標是〇到九十九歲不分齡的「好好按摩」覺醒，但因人初千日的人生特殊地位，就針對這階段開始推廣，期待養成好好按摩的好習慣，CBM孕產按摩正是其中針對媽媽的部分。

雖以媽媽爲名，但學習時孕產婦和配偶會被視爲一個整體來對待，也就是說CBM孕產按摩教育是針對至少一組三人（包含父、母、胎兒在內）的學習。正式課程每期約四到六次，每週一次，每次大約六十到一百二十分鐘。每次課程都以CBM孕產按摩核心項目來設定課堂主題，也依每對爸媽的狀況不同，保有量身訂做的彈性。CBM講師會依團體課或個別課的設計模式，帶領一對對新手爸媽先做一基本認識，從孕產婦在前中後三個孕期身心靈的戲劇性變化開始，了解孕媽咪諸多身體不適的導因。這樣的理解能讓孕媽咪建立照顧自己和胎兒的務實方法，另一半也更能同理孕產期狀況，而願意盡一分心力陪伴孕媽咪和胎兒一起安然度過，讓家庭更平順地升級爲人初千日家庭。

除了學理認識外，CBM講師還會在術科學習上以「四個好好過日子」任務爲導向，幫助全新成型的人初千日家庭從實務層面檢視，他們是否已經開始「好好的吃」「好好的睡」「好好運動」，以及「好好按摩」。實際做法是因應每對配偶的不同狀況，協助他們合作訂出具體可行的健康任務，像是幫忙檢視彩虹飲食日誌、一起探討睡眠品質變化和可行的現在與未來睡眠策略、協助訂定具體可行的運動計畫，最後指導他們在孕期、待產、與產後可由配偶隨時隨地或專程撥空爲孕產婦進行的CBM孕產按摩手法。

接著CBM講師將帶領孕產婦和配偶從基本簡單的生理解剖學原理，了解如何因應孕產期改變進行調整，包括日常站立與行走姿勢，以及孕產期不同階段的按摩姿勢，這些姿勢的調整當然也可應用在睡眠時姿勢方面的改變。

針對按摩手法部分，講師會分次示範不同部位的按摩，介紹孕產按摩時的安全守則，強調彼此在按摩時如何「傾聽」對方需求，「觀察」對方身體反應，「珍視」這個彼此學習成長的機會，並「賦權」對方可以自己決定接受哪種按摩。配偶會在講師引導下實際爲孕產婦進行按摩實作，不管參與課程時孕產婦處在哪個孕期，甚至已經是產後才參與課程的人初千日家庭，講師仍會按部就班引導他們針對自己的孕產階段做按摩調整。

除了課堂學習CBM按摩手法外，每次課程也會有回家作業，人初千日家庭會學到：孕產期乳房的按摩與照顧、孕產期的會陰按摩認識、孕產期和待產階段在相關穴點的按摩、子宮圓韌帶的按摩、產後腹部的復原按摩、傷疤組織按摩、生產方式選項的認識與討論、各種孕產相關議題的討論與調適、未來嬰幼兒照顧模式的準備等。以上學習皆符合WHO在周產期照護健康議題方面的推動要點，當然更重要的是，藉由學習和實質互動的過程，人初千日家庭得以開始建立父母四大智能。

全世界所有家庭研究都指出，家庭中第一個孩子出生後的一到兩年間是離婚率的最高峰，可見在這階段每個家庭都經歷了難以想像的高壓，更可看到新手爸媽要從雙人舞加入第三者時所遭遇的挑戰。

網路資訊化時代表面上雖然讓「溝通」變快速，各式教養選項似乎取之不盡、用之不竭，但這些網路聲量彼此間往往平行且沒有交集。常看到這樣的人初千日家庭劇情：新手媽媽參加了某個網路媽媽社團，接受特定教養資訊，從此奉爲不可破的圭臬，但是應用到自己家庭時，卻不見得能完全獲得其他家庭成員（特別是配偶）的百分百認同或執行率，夫妻關係開始出現裂痕。很多人因此選擇躲回網路同溫層尋求溫暖。網路社群一大特色是「黨同伐異」，只要符合特定社群風向，都可立刻獲得討拍與討讚效果，讓發文者對自己的網路信仰更深信不疑，反倒忘了要一起面對人初千日家庭升級任務的人，從不是看似龐大的網友，而是身旁那位一開始看似冥頑不靈的隊友。網路世界的虛擬支持感卻往往使伴侶錯失溝通效能。

倘若在孕產階段，配偶能一起透過CBM講師或本書的引導，探索人初千日家庭可能會面對的各個議題，像不同生產方式的選項、產後月子照顧方法的選擇、孕產按摩的頻率與方式、嬰幼兒哺乳方式的選項、嬰幼兒照顧方式的選擇等，讓他們擁有共同面對的經驗與共識，知道網路上可找到的各種選擇中，並不存在所謂「完美選項」，只能盡量朝向最適合自己家庭的選項。在學習各項CBM孕產主題過程中，講師會帶領新手爸媽練習分辨各種資訊到底屬於事實或觀點，慢慢累積「心智智能」，作爲未來面對更多資訊時的思辨力；還會因爲各種相互按摩的練習更了解彼此，開始接受自己新角色的「情緒智能」，並有機會開誠布公討論雙方在經濟、時間、體能等各方面能應用的教養資源，以產生「生理智能」。當然，經過兩百八十天的共同學習，也能激盪出許多「創意智能」，爲自己的人生新篇章定錨，也能爲寶寶在人初千日階段定錨，並因爲此時是胎兒很重要的發展階段，特別是大腦、神經、情緒、生理，甚至是語言發展，都會因孕產按摩獲得滋養。

這樣的教育是不能只靠閱讀、爬文這些平面方式達成，而是需要形成網路外實質的家長支持團體，進行實質的社群互動，家庭一起「動手做」才能獲得。

CBM寶寶撫觸按摩

人類對撫觸的深刻渴求源自哺乳動物本能，這在前一章的「好好按摩」已有探討。不過近數百年來，因爲生活和生產方式變動，這種彼此撫觸按摩的行爲也在歷史中漸漸式微，按摩往往被當成一種特殊技能或商業化的服務，而非家人彼此間互動的日常。所幸這種本能行爲沒有完全消失，人類是會以各種方式保留文化的物種，在全世界的文化中，可以找到不少有關按摩的歷史文化痕跡，包含口耳相傳的口述歷史、洞穴壁畫或其他形式的藝術創作，以及正式的文字記載。幸運如我們仍能保有這些人類共同資產，從歷史痕跡中依據各種新舊時代的文獻與研究，整理建構出十分適合嬰幼兒的CBM寶寶按摩，試圖延伸人初千日家庭已從孕產階段就開始建立的按摩意識。

在CBM母嬰按摩中的CBM寶寶按摩，就是以兒童和嬰兒爲主角，也就是針對嬰幼兒的撫觸按摩。在此對嬰幼兒的粗略定義，採取中國古醫書《黃帝內經》小兒按摩相關篇章的定義，把小兒定爲六歲以下的嬰幼兒，但這並不代表六歲以上的人就不需要按摩。ＣＢＭ母嬰按摩的核心理念是促進〇到九十九歲所有年齡者的按摩意識程度，只不過如先前提過在實作效能方面，爲六歲以下的孩子按摩效果更加明顯，也有助人初千日家庭建立信心。

嬰幼兒接受按摩效果之好，不但在古醫書中以「小兒臟腑清靈」一言以敝之，從近代醫學研究來看，觸覺是第一個發展出來的人類感官，早在懷孕六到八週時，胎兒已具備能感受在子宮羊水中浮動的觸覺。觸覺也被稱爲感官之母，因爲其他所有感官，包含視、聽、嗅、味，都需要觸覺做基礎。

讓寶寶從一出生就延續孕期感官，規律地接受按摩撫觸，不但能幫助發展中的大腦神經系統產生髓鞘化作用，也就是讓大腦變得更加成熟，對剛升格的新手爸媽而言，也能與寶寶發展出親密的情感連結，有助寶寶在此階段建立良好的社會與情緒發展，甚至透過按摩對於生理動作發展做出貢獻。在按摩過程中，爸媽深情款款地對寶寶訴說各個身體部位的名稱、吟唱兒歌童謠，對寶寶認知語言發展的好處更是訴說不盡，而這些都只是ＣＢＭ寶寶按摩衆多好處當中的少數幾項。

ＣＢＭ寶寶按摩的具體內涵採中西合璧，包含以西方解剖學爲基礎的兒科按摩，共約四十個手法，部位涵括腿部、腹部、胸部、手部、臉部和背部按摩，以及以東方經絡學爲基礎的小兒按摩，共約三十個手法，包含外感四大法、小心肝按摩、發燒舒緩按摩法等。此外，還有專供媽咪得以自我照護大半生的生理期按摩。原則上每期CBM課程分成四到六堂課進行，每次課程六十到一百二十分鐘。CBM寶寶按摩講師一樣會在符合CBM核心課程前提下，設定每次課程主題，以寶寶爲課程的核心，鼓勵親子一起參與，同樣可以進行團體或個別課程，讓人初千日家庭在面對寶寶正式加入子宮外的生活時，能獲得有力的支持與滋養。

CBM寶寶按摩更重視以寶寶爲專家、爲師的精神，並非由成人威權的決定寶寶是否該接受按摩，或該接受哪種按摩，而是在按摩過程中不斷「傾聽」「觀察」「珍視」與「賦權」寶寶，慢慢幫助新手爸媽學習眞愛，虛心回到面前這個眞正該學習的對象，而不是在教養上仰賴外在威權隨波逐流。也延續CBM孕產按摩重視「好好按摩」的精神，以各種形式引導人初千日家庭的每一個照顧者，深化新手爸媽與照顧者在按摩這項科目的學習。學習形式包括：由講師提供專業資訊的單向學習模式、由講師引導參與家庭動手做CBM手法的實作模式、設定符合CBM核心課程親職主題討論來做學習的雙向模式。CBM課表常見內容包含：小兒臟腑清靈觀念的探討、小兒百脈會於雙掌的認識、小兒臟腑嬌嫩形氣未充的觀點、按摩介質、按摩力道、嬰幼兒的各項發展等，是深具主體性和彈性的學習。

CBM寶寶按摩表面上看起來僅是針對單一科目的學習，但事實上人初千日家庭獲得的是跨領域的經驗。新手爸媽一樣有很多機會在親子互動時產生人初千日父母四大智能，比方說，練習分辨事實與觀點的差別。因爲荷爾蒙的影響和孕期大腦的改變，新手爸媽常產生很多不必要的焦慮感和不安全感，運用具體的按摩和寶寶親密互動，的確有助於建立更好的心智智能，大量降低困惑感；父母甚至會進一步發現部分寶寶按摩講師所提供的資訊，也僅是觀點而非事實，可以決定是否納入參考，不一定得照單全收，我們十分鼓勵爸媽擁有這樣的思辨力。

當然，爲寶寶按摩最爲人津津樂道的好處，就是促進親子之間的親密互動。在人初千日家庭形成時，我們從不需擔心寶寶對媽媽的愛是否夠濃烈，眞正需要介入和幫助的往往是確認爸媽是否也同步準備好愛上寶寶。這種愛上寶寶的能力稱爲親密感，在接下來的章節會深入討論。

親密感的建立是新手爸媽是否能成功升級個人角色的關鍵，而寶寶按摩一向被視爲促進親密連結、讓寶寶依附感往良好方向發展的首要方式之一，非常有助於情緒智能的建立。至於生理智能方面，CBM寶寶按摩課程十分重視引導新手爸媽和講師一起爲家庭設計務實可行的按摩計畫，我們不過度施壓爸媽設定最佳的按摩頻率和時間長度，而是同理現代爸媽在親子互動量上普遍不足的困境，以此爲前提，幫助爸媽認識如何使用恰當的CBM按摩來提升互動品質，而並非只能呆板地進行標準化按摩程序，專注投入的短時間按摩並不會輸給分心焦慮的長時間按摩。當然，在這樣的按摩互動當中，創意智能自然得以建立，每對親子間會產生獨一無二的默契，像一對不世出的戀人般擁有只有彼此知道的撫觸互動密碼。

CBM寶寶按摩作爲人初千日STEAM學習的明星科目，近十六年來已獲得許多參與學員的高度認同，也相當程度地提升了人初千日好好按摩的集體意識。

DS動能知覺瑜伽

好動是人初千日階段寶寶的重要特色，若可以持續觀察嬰幼兒，你往往會發現除了睡眠外，他們幾乎無時無刻不處於「動」的狀態。

在嬰幼兒「動」的同時，無論是主動地動動小手、小腳，或是被動性地由爸爸、媽媽牽動他們的小小身體，嬰幼兒所有感覺系統，簡單說就是他們的眼、耳、鼻、舌、口、皮膚、骨骼和肌肉，都會獲得豐富的感官資訊輸入。這些輸入也會接著回饋到大腦，建立新的神經網絡機制，神奇的大腦還會在過程中整合腦中不同部位的功能訊息。這樣的人初千日大腦神經發展特色與生理動作發展特色，正是DS嬰幼兒動能知覺瑜伽的深刻理念。

DS嬰幼兒動能知覺瑜伽中的「D」，來自於「動態」（Dynamic），不但彰顯嬰幼兒總是在「動」的特質，以及嬰幼兒的身心是一種動態的存在，也彰顯親子之間應該彼此回應的動態關係。因為這階段寶寶快速成長，沒有一刻不在變動著，也需要爸媽隨時回饋寶寶。而S則來自於「知覺」（Sensory），至少包含了嬰幼兒的視覺、聽覺、嗅覺、味覺、觸覺、前庭平衡覺，以及肌肉關節覺等七項知覺。這些知覺在寶寶不斷「動」時，都像海綿般一一吸收，因應嬰幼兒在人初千日階段的動能與知覺特色，所原創的瑜伽嬰幼兒運動，就是DS嬰幼兒動能知覺瑜伽。

所以，DS動知瑜伽的鮮明特色，就是幫助人初千日家庭「好好運動」。這是一個以嬰幼兒爲核心，以寶寶爲師、爲專家，讓全家一起從事運動的學習。不過，當然也會因爲「好好運動」，就有機會能「好好的吃」「好好的睡」，並配合和DS動知瑜伽並稱爲人初千日大腦兩塊拼圖的CBM寶寶按摩，來完成「好好按摩」任務。

DS動知瑜伽名爲瑜伽，但和一般經常聽到的瑜伽有相同之處，也有相異之處，最鮮明的相同處應該就是瑜伽蘊涵的精神。瑜伽源自距今五千年前的古印度文化，是印度正統派六大哲學之一。字義源自梵語「yoke」，意思是「統一」「合一」，意圖探尋「梵我一如」的道理與方法。而現代人所稱的瑜伽主要是一系列的修身養心法，透過調身的體位法、調息的呼吸法、調心的冥想法等，以達至身心合一，並激發人類潛能。在精神層面上，DS動知瑜伽和這樣的瑜伽相符，相對於成人，嬰幼兒因爲尚未受到太多所謂「人類文明」洗禮，是更接近本能和天地本心的族群，所以會態度開放地擁抱各種新經驗，並在體驗各種新經驗過程中，由於大腦和神經處在高度可塑性的黃金階段，而激起許多原來意想不到的潛能。

ＤＳ動知瑜伽和傳統或一般瑜伽相異之處，就是這是種全新的、完全以寶寶爲主體的運動，並非把寶寶當作成人做瑜伽時共存的「道具」，相反的，是以寶寶爲主軸，而成人也因此向寶寶這個天生的瑜伽大師學習怎麼做。ＤＳ動知瑜伽是一種兼具原創與獨創的寶寶瑜伽運動系統，共有四十五個ＤＳ動作式，包含各種抱姿、靜態姿勢、動態動作，針對不同生理年齡和發展年齡寶寶，讓新手爸媽和照顧者可以透過不同的方式，和「寶寶上師」一起好好運動。在運動過程中留意「ＬＯＶＥ原則」也很重要，爸媽要「傾聽」寶寶動態和知覺的需求，以「觀察」的方式獲得寶寶暫時無法明確使用口語表達出的線索，「珍視」和寶寶共舞的機會，更重要的是絕不可以在動作式上強迫寶寶，要尊重並「賦權」寶寶動的權利和決定怎麼動的方式。

其實每個人都有自己的靜態存在和動態存在，我們卻不見得意識到這些不同，就像如果你第一次看到一個熟悉的朋友跳舞，你常會說，我不知道她跳起舞來是這樣。寶寶雖然從我們而來，但他們也帶著自己獨一無二的樣貌而來，雖然普遍來說寶寶多半是「好動」的，但也有程度之別與動的方式不同。在進行ＤＳ瑜伽一來一往的動作式中，你會獲得更多的寶寶動態資訊，也因此做出相對應的回饋。再次強調，ＤＳ動知瑜伽和ＣＢＭ寶寶按摩併稱爲人初千日寶寶大腦的兩塊拼圖，正是因爲這兩種親子互動方式，分別提供寶寶發展中的大腦靜態與動態兩類資訊輸入，對此時正渴求這種滋養的寶寶大腦神經系統如雨後甘霖般美好。

ＤＳ動知瑜伽對人初千日生理動作發展的幫助特別顯著。人初千日在肢體成長方面的變化是很驚人的，短短一千天身高體重呈倍數的成長速度，終其一生不可能複製。你可以想像一下，當你的體重經歷這樣的變化，對你的骨骼肌肉來說，每天要完成各種動作所需耗費的力氣與應用的技能都很不一樣，更遑論此時頭部和身體比例也產生巨大變化，而使重心不斷改變，大腦要和每天都是嶄新的身體相處。身體每天獲得的動作經驗，就是滋養大腦生理動作發展的營養素。可以這樣想像，當寶寶的身體做出一個動作，因爲這動作所牽動的骨骼肌肉以及相對應的神經系統，就會開始傳遞數以億計的電脈衝，到大腦掌管感覺動作的部位，稱爲頂葉皮質區，變成這個部位所需的養分或積木，建構起大腦未來精準掌控更多肢體動作技能的基礎。

DS瑜伽同樣也能藉由瑜伽和寶寶唱吟兒歌童謠，以及告訴寶寶各種活動名稱，來促進人初千日認知語言發展。當然，這些讓親子更認識彼此動態存在的DS活動，也會滋養寶寶社會情緒發展，可以說也是全方位的活動。

DS動知瑜伽課一樣採取每期四到六堂課的方式進行，每次六十到一百二十分鐘，原則上一週一次課程，讓親子有機會在課餘藉由練習前次課程的DS動作式，來發現和熟悉彼此身體的動態狀況，也相互激發更多潛能。

和其他人初千日STEAM科目一樣，DS動知瑜伽也很重視科學原理，有很多技術練習，強調工程式的反覆練習精神，擁有藝術性的表現方式，像是歌曲、兒謠，同時也讓親子之間建立起數學邏輯精神。

透過以上ＳＴＥＡＭ教育操作，獲得人初千日家庭需要的核心素養，讓新手爸媽慢慢發展出人初千日四大智能，包含可從八大關鍵發展角度，了解寶寶在人初千日的發展特色。明白在此階段的發展都是獨一無二，因此越來越能建立起分辨事實與觀點的能力，成就心智智能。當然，情緒智能也會因執行ＤＳ瑜伽的親子互動而建立，或許每個爸媽都夢想能有個「乖孩子」，但這樣的「乖」到底標準在哪裡，往往是很多新手爸媽的迷思。進行ＤＳ瑜伽時，爸媽可以眞實面對寶寶動態的存在，更能接受寶寶的「動」其實是種常態，而能有足夠的情緒智能面對這些「動態」帶給整個家庭的挑戰與啓發。

在生理智能層面上，ＤＳ瑜伽共有四十五個動作式，當然每個動作式都有各別獨到的好處，不過也有很多動作式彼此間共享許多好處，當爸媽和寶寶在進行動作式時，如果有時意識到並非每個動作式每一次都能受到寶寶青睞，或某些動作式對身體有些明顯負擔，例如一些產後不久的媽媽，身體還沒有恢復到產前狀態，又得自己獨力擔任照顧新生兒的工作，那麼就可以僅選擇親子都喜歡的ＤＳ動作式作爲開始，並不一定要完美地做到全部的動作。在這樣的基礎下，相信親子間的獨特關係就此成型，爸媽的創意智能也可以順利發揮，無論是結合不同的動作式順序，或是因應寶寶調整動作，都得以顯現出無雙的創意。

ＩＡＦ寶寶親水游泳

相對於陸地，水世界是令大部分人初千日家庭感到新鮮好奇的環境，但其實地球上水體面積占了七〇％，人體也有七〇％以上由水組成，人初千日階段的胎兒更有將近三分之一的時間、共兩百八十天是全時間待在水世界中。因此全家一起從事親水活動應該是非常妥當、自然，且值得被鼓勵與提倡的一件事，只需要一些額外的引導，來提高人初千日家庭好好從事親水運動的意識即可做到。

首先，人初千日家庭最需要意識並了解到親水和游泳之間的關係。很多人常不經意地把親水和游泳畫上等號，畢竟在水中若想保持如水族生物的動態，就要從事如游泳之類的活動。但事實上ＩＡＦ的親水在定義上是遠比游泳更寬廣的概念，可以說游泳只是親水的類型之一。在親水過程中，習得游泳技能雖然也是令人期待的目標之一，但兩者間仍不能直接畫上等號。親水在更深層的意義上來說，是要在家庭成爲人初千日家庭的階段時滋養所有成員，漸進式地啓發對水世界既親近又敬重的態度來。這種親水且敬水態度的培養，首先一定要從了解水和靠近水開始。而「水」的字義無論是來自拉丁文的「Aqua」，或是來自希臘文的「Hydro」，都比「Swimming」（游泳）的概念來得寬廣許多。

ＩＡＦ講師在人初千日家庭親水過程中扮演專業的輔助者角色，正如ＩＡＦ這個名稱「Infant Aquatic Facilitator」所示，也就是嬰幼兒與他們的家庭在親水活動上的輔助者。同樣的，此時唯一的專家和老師仍是人初千日寶寶，他們同樣也是天生的親水專家，跟成人相比，寶寶剛來到這個星球時，距離天天都生活在水世界的人生比我們接近許多。比起任何水中健將，寶寶親水的能力仍足爲我們之師，只要父母願意虛心地用眞正的愛（傾聽、觀察、珍視和賦權）向他們學習，就能培養人初千日家庭的親水力。

其實親水在人類歷史上無論古今中外都存在，因爲大面積的水世界一直和我們共存，是生命起源，更餵養人類文明。除了基本的生存仰賴水之外，因水世界而生的水文化更不計其數，像是宗教上的受洗、水中生產、各地溫泉、冷泉文化、非正式的戲水文化等，都表現出人類的生活一生都與水息息相關。近代科學和醫學更進行許多與水世界相關的研究，像是水療科學早已著手研究不同的溫度與浸潤程度對人類的影響，也進一步肯定親水活動在人類健康層面上的貢獻。

相對於陸地，水世界有幾項獨特而鮮明的特質，讓親水成爲一種與衆不同的活動，例如，水擁有和空氣截然不同的「浮力」與「阻力」，水也有比起空氣要來得鮮明的浸潤包覆感，這些特質讓人很容易就能感受到其中差異：只要待在水中，即使從事和在陸地上一模一樣的活動，無論是在水中靜止或移動，身體的感受也和在陸地上截然不同。

ＩＡＦ親水游泳之所以強調人初千日階段的親水，當然也和這階段的特殊性有關。處於人初千日階段的寶寶，姑且不看還在媽媽子宮內的胎兒，畢竟這是無法直接觀察的階段，但從新生兒起，寶寶的各項發展特性，都讓他們在水中進行各項活動比起在陸地上要容易許多。同樣的，由於寶寶在胎兒期一直都生活在水中，若能保持並累積出生後繼續在水中活動的經驗值，不但會因熟悉感帶來安全感，也可讓寶寶持續發展中的大腦神經與生理動作，獲得更多和陸地上不同的發展經驗值，一樣可以開發寶寶無窮盡的潛能。

人初千日寶寶有哪些發展特色，讓他們在水中比起在陸地上更「如魚得水」呢？最值得一提的典型特色，應該是他們身體的脂肪比例遠高過肌肉比例。

人類寶寶從出生開始不斷吸收的熱量中，有很多會貢獻給身體的脂肪累積。通常寶寶的身體脂肪比例在大約九個月大時達到高峰，所以顯得圓胖可愛；而肌肉則要到青少年階段才會達到人生巔峰。可以說整個人初千日階段，寶寶都處在脂肪高於肌肉的狀態，這種比例讓寶寶若要在陸地上進行各種動作，特別是大肌肉方面的動作，像是抬頭、翻身、爬行等，都顯得挑戰十足，因爲力量不夠充足的肌肉，不易控制重量並不輕的脂肪，加上協調性還不夠，往往顯得行動笨拙。

不過在水世界就截然不同了，水的浮力讓寶寶稍不受到那麼大的地心引力影響，會相對容易控制自己的四肢，建立更多肢體３Ｄ經驗；水的阻力也會給寶寶更多肌肉張力的鍛鍊，寶寶隨時都能擁有新經驗，也讓協調性還不夠的肢體，彷彿獲得水體的支持。特別是水能觸動寶寶求生本能，加強頸部肌肉張力鍛鍊；頸部肌肉控制能力就像車子的方向盤，對動作的控制十分重要。水的包覆感更是一種隨時隨地存在的觸覺經驗，讓寶寶像是時時刻刻都在接受水體的按摩，傳遞豐富的觸覺經驗給發展中的大腦神經系統。因此人初千日可說是最能獲得水世界給予我們滋養的生命階段。

ＩＡＦ寶寶親水游泳聯盟在親水主題上，把整個人初千日家庭當成一個整體來對待，也就是希望爸媽和寶寶一起透過水世界的互動，建立親水又敬水的態度，鼓勵親子把握各種可能親水的機會。從家庭中的浴缸親水沐浴經驗開始，就讓所有家庭成員自在地和水相處，透過各式的ＩＡＦ水中抱姿、臉部頭部水浸潤經驗來探索水的各項特質。當有機會一起探索不同形式的水體時，也鼓勵親子感受不同的水經驗所帶來的知覺。運用專業方式，除了水中抱姿的練習外，也進一步讓親子練習各種水中靜止和移動的方法，像是水中飄浮、水中前進、水中翻轉等。以上在特殊水環境當中的練習，對人初千日的家庭好處非常多，讓親水理念從一般人以為的單純娛樂轉變成水教育。

人初千日是人生重要轉捩點，無論寶寶或爸媽都需要對這階段產生的各種新經驗、新角色做準備和適應。雖然令人興奮又美好，但同時也伴隨極大壓力，這時即使只是最單純的讓水世界包覆，就可以提供極佳的紓壓效果，尤其是全家人一起參與的水世界互動活動更是如此。

人初千日家庭共同親水，對於我們一直強調的「以寶寶爲師」觀點的實行也很有幫助。在水中，很多成人往往發現自己還不如寶寶來得自在；寶寶在人初千日階段的發展特色，會讓他們在水中比起在陸地上更容易完成許多活動，也因此更有自信心，爸媽也能具體的看到寶寶値得學習之處。然而，就像在陸地上的發展有階段性，寶寶在水中的親水能力也會分階段，很多時候寶寶仍需成人提供水中必要的扶持，因此在親子關係上也因協助產生信任感，彼此關係更加靠近。

從事IAF親水一樣也能幫助爸媽建立人初千日父母四大智能：在心智智能上，學習人初千日寶寶和親水有關的各項發展特色，像是他們的肌肉與脂肪比例、他們的肌肉張力特色、他們在潛水反射與閉氣反射等方面的特色，也更能判斷網路上各種與寶寶親水或寶寶游泳有關的資訊究竟是事實或觀點。在情緒智能上，親水活動讓親子更靠近，爸媽更看到寶寶不凡之處，也更能愛上和寶寶一起在水世界悠游的經驗値。當然在生理智能上，每個爸媽的親水性不同，先前的水經驗不一，對於探索不同類型水體的感受也不同，不需要與其他人比較，只要願意開始從事親水就是値得被讚賞的。這樣一來，創意智能就唾手可得，畢竟水世界是充滿各種可能性的環境，人初千日家庭可以藉此發揮無窮的創意。

BSS寶寶音樂手語

人類之所以成爲一種可以學習文化、累積文化的物種，擁有「語言」這種複雜的溝通系統可謂功不可沒。

有了語言，人類才有可能超越時空，溝通和傳承不處於此時此地的人、事、物。處在人初千日階段時，雖然我們都知道這是人類大腦神經發展的黃金期，也可以說是學習的黃金期，但這階段的寶寶在使用口語語言上的能力是很不成熟的。過去多數人對於如何幫助人初千日寶寶學習，和他們進行有效能、有意義的溝通，其實缺乏具體概念，但你可曾思考過，人初千日寶寶口語語言能力雖不夠成熟，但不代表他們缺乏溝通能力，因爲溝通除了使用口語語言形式外，還可以有其他形式。況且，人初千日更是人類語言學習的關鍵期，所有研究都指出，如果寶寶在這關鍵階段被剝奪語言學習的機會與環境，可能終其一生，即使聲帶喉嚨構造沒有任何問題，都可能完全無法學會語言。但相反的，寶寶如果在這階段獲得各種語言學習的正向滋養，那麼無論是母語習得或其他語言的學習，都會更有機會獲得美好成果。

在BSS寶寶音樂手語（Baby Sign 'n' Sing）課程中，人初千日家庭可以學習到寶寶溝通能力的發展歷程，了解到即使是剛出生的新生兒也擁有豐富的溝通能力，會運用表情、聲音、姿勢來發出各類正面或負面線索。眞正需要的是新手爸媽以寶寶爲師、爲專家，去「傾聽」與「觀察」寶寶發出的各項溝通線索，加以解讀，便能「珍視」寶寶優越的溝通能力，並「賦權」寶寶更多表達的權力與能力。當然，在此過程中，新手爸媽會發現，這階段的寶寶對周遭世界的認識與了解遠超過我們想像，也就是說，寶寶此階段認知能力的發展遠早於口語語言能力的發展。這種感覺就像是當你有機會到一個語言不通的異地旅行，你很明瞭周遭許多人事物，也很急於想再多了解更多新鮮事，卻苦於沒有一個你會使用的語言系統當成媒介，是非常寂寞的感受。若人初千日寶寶能獲得一種符合發展需求的語言系統來應用，對他們將非常有幫助，而廣泛應用在聾人社群中的手語語言正是這種語言系統。

嬰幼兒通常在大約十二個月大之前，喉頭位置處於比成人要高的地方，這是爲了保護此階段常需要同時吞嚥乳汁和呼吸的嬰兒不會產生嗆奶風險，卻也因此讓嬰幼兒在十二個月之前不太容易發出人類口語語言的種種複雜音素，所以寶寶平均在十二個月之後才會說出口語語言的第一個字。但手語就不是這麼一回事，相對於口語來說，寶寶比較容易運用的四肢和身體，讓他們使用手語系統時容易許多。在歷史上，針對聾人家庭寶寶習得手語爲母語的研究都發現，寶寶平均在六個月大左右就開始能用手語「說出」第一個字了。雖然聽人寶寶在學習手語時，並不像聾人家庭寶寶以母語的方式來習得手語，而比較像是學習第二語言的方式來學習手語字彙，但還是提供給寶寶一個非常實用的語言系統，滿足其溝通需求。

ＢＳＳ音樂手語特別強調「音樂」在寶寶學習手語上的重要角色，因爲音樂和語言擁有很多共通特質，都有旋律、語詞、段落等，所以一向都是學習各種語言時會大量應用的學習方式。人初千日家庭學習手語時也是一樣，若只是機械式地不斷重複使用大量手語字彙，缺乏情境應用，往往無法獲得明顯效果。但是當融入各種音樂情境，像是身體律動、音樂繪本、音樂遊戲、兒歌童謠等，來讓人初千日家庭一起融入和這些字彙相對應的情境，就能大量提高動機及學習效果。

ＢＳＳ音樂手語另一個特色是以主題方式來設定目標手語，並從「日常常見字彙」與「高動機字彙」兩類手語字彙著手。例如在「最棒的我」這個主題下，人初千日家庭會從各種音樂性活動中，接觸到很多日常常見的手語字彙，像「吃」「喝」「上廁所」「ㄋㄟㄋㄟ」等。在「寶寶瘋非洲」這個主題下，就會以符合音樂學習的模式，接觸到很多雖不一定常見，但因爲對動物感興趣，因而產生高度動機來學習的字彙，像是「獅子」「鱷魚」「大象」等。而在「交通工具大冒險」這個主題下，則可以學習到既是日常常見，也是高動機的字彙，像「火車」「飛機」「公車」等。

其他的ＢＳＳ主題還有：「小小肚子吃、吃、吃」「可愛動物園」「甜蜜的家」「窗外好風光」「今天天氣晴」「出發向前行」「我的方向」「好朋友」，以及「請、謝謝、對不起」，總共可以學習到至少一百五十個手語字彙。

在全世界多種手語系統中，ＢＳＳ選擇以廣泛應用於北美聾人社群的美式手語（American Sign Language，以下簡稱ＡＳＬ）字彙爲主要手語系統，因爲ＡＳＬ不但是全球最早應用於聽人寶寶的手語教學，更擁有目前全世界最多的寶寶手語學習者使用，同時更是線上手語字典最完整豐富的手語體系。但ＢＳＳ也以開放的態度鼓勵人初千日家庭學習各種不同的手語語言，尤其寶寶若正好有使用不同手語的親友，這種學習會讓人初千日寶寶更看到手語語言在日常溝通中使用的價值，讓寶寶有更多機會應用，也提高學習動機。

人們對於ＡＳＬ常有一種誤解，認爲這是北美聾人使用的手語，而北美地區使用的口語語言是英語，所以學習ＡＳＬ需要英語基礎，或是ＡＳＬ等於英語的迷思。其實ＡＳＬ和英語是彼此完全獨立的語言，英語這種口語語言是一種拼音語言，例如「airplane」（飛機）是英語，是依據相對應的母音和子音拼出這個字來，但ＡＳＬ的飛機比較類似於象形語言，是使用慣用手，伸出大拇指、食指和小指，在頭頂上飛過去以表達飛機。可見你並不需要任何英語基礎仍可以學習ＡＳＬ，也不會因爲你並非居住在北美，就無法認識ＡＳＬ手語的代表意義。世界上很多使用不同口語語言的國家，其聾人社群使用的手語都是使用類似手勢表達飛機的概念，相當有趣。所以ＡＳＬ和多數手語一樣，都是任何人都可以經學習後用來溝通的語言。

至於另一個對聽人寶寶學手語的典型迷思，誤以爲寶寶學習手語會對學習口語語言有負面影響。我想斬釘截鐵地告訴人初千日家庭的答案是，不但不會，反而會對寶寶在口語語言的學習上，包含母語習得以及未來更多其他語言的學習都有顯著的正向幫助。人初千日是寶寶在認知語言發展上的關鍵期，這階段的寶寶正努力在認識周邊的所有人、事、物，給予他們相對應的意義，也就是寶寶認知能力建立的歷程。在這歷程中，寶寶很需要給每個認知概念相對應的符號來代表他們，才能內化這些概念。

舉例來說，寶寶會先用原始的感官，像觸覺、嗅覺和味覺，認識一顆紅通通的香甜蘋果，知道這種食物可以滿足他的需求，然後藉由一個聲音符號「蘋果」，寶寶才能內化其認知概念，甚至記憶、理解與表達，這是語言學習很基本的歷程。但一個五個月大第一次嘗試蘋果的寶寶，用感官認識蘋果後，也在認知上認識了蘋果，卻因爲生理限制暫時無法發出「蘋果」的聲音符號；而「蘋果」的ASL字彙是使用慣用手，伸出食指後彎曲，用指節在臉頰上轉動，這對寶寶來說並沒有太大的困難，所以會給寶寶一個姿勢符號來內化蘋果的認知概念。這個過程對於寶寶的大腦認知語言區塊幫助很大，寶寶也會因此發現一個認知概念可用兩個以上的符號來表示。像是未來如果有機會聽到「Apple」或是日語「りんご」這些聲音符號時，會更能接受他們也是代表同一個認知概念。如果再加上ASL的姿勢符號，學習這些新的語言字彙就更容易了。

NBF人初千日食育

「吃」影響我們一生一世，這一點無庸置疑。在人生每個階段「吃」都處於最基礎的位置，但也因此往往最容易被視爲理所當然而忽略。

大部分人沒有接受過正式「吃」的教育，從影響孩子極大的故事繪本來看，以飲食當作主題的原創性中文繪本數量並不多。現在市場上可找到和飲食有關的繪本，幾乎都由日文繪本翻譯而來，這也看出不同文化在飲食教育上重視程度的差異。

從前面談「好好吃飯」的章節，你應該已經意識到「食育」的重要性，並認識人初千日四階段食育的務實做法。不過光是知道還不夠，NBF人初千日食育（Natural Baby Food）就是要帶領人初千日家庭和相關專業工作者，從帶著寶貝動手做的過程當中，用吃感受到滿滿的幸福感與成就感，也找回與相愛的人一起「動手做」並共煮共食的樂趣，以及餐桌上暖呼呼的情感溫度。由於家庭是執行食育的場域，以下就以NBF家庭食育統稱之。

食育其實是一輩子的任務，但爲什麼在人初千日進行食育特別重要呢？除了這是人生最特別的階段，聯合國的「第一個一千天」也以營養爲主軸呼籲外，人初千日更是人類一生中「吃」的方式變動最大的階段。在孕期，胎兒直接吸收媽媽吃進去的營養，無論媽媽吃什麼，胎兒照單全收，可以說自己完全不需要吃就能生存；接著，從出生後到大約四到六個月，寶寶只用吸吮方式進食乳汁作爲唯一飲食，無論母乳或配方乳都不需要咀嚼，只需以吸吮反射就能讓乳汁充滿口中，吞嚥入胃。如果試圖用湯匙餵食純乳汁階段的寶寶，寶寶往往會用舌頭把湯匙和乳汁往外頂，這並不是因爲寶寶突然不想吃乳汁了，只是因爲他們在此階段還沒有準備好自主吞嚥，所以用舌外吐反射來自我保護。

但很快地，在寶寶大約四到六個月，體重也達到出生時的兩倍，粗大動作發展上可以坐直身體，還能穩定地將手向前伸，甚至明顯地對成人食物感興趣，會想模仿大人做出類似口腔咀嚼的動作，這就表示寶寶在發展上也可以開始嘗試乳汁以外的食物了。此時的目標是讓寶寶漸進式地適應，慢慢地朝吃一般食物邁進，所以這時候的寶寶除了需要繼續攝取早已很熟練的乳汁外，也要開始慢慢練習吃各式各樣的副食品。

吃副食品的重要性，除了大多數人可以立刻理解的補充營養外，還有許多新手爸媽可能都沒想過的，重點之一就是寶寶要開始練習咀嚼與吞嚥。人類的喉頭連結氣管和食道，成熟的咀嚼和吞嚥能力，讓我們平時呼吸時，空氣會由口鼻通過氣管進到肺部，但吞嚥進食時氣管就被遮蔽住，讓食物只會進入食道，不會進入氣管而造成嗆傷。可是以上這個要用一輩子的精細動作能力，非常需要寶寶從開始嘗試副食品時就慢慢練習，讓咀嚼、吞嚥、呼吸能做出一系列非常協調的動作，身體的機制也會因爲咀嚼分泌更多唾液和消化酵素，這不是純乳汁階段寶寶就能突然學會的能力。純乳汁階段寶寶的喉頭位置比較高，所以一邊呑嚥乳汁、一邊呼吸沒有困難。可是若到了嘗試副食品階段，還不慢慢地練習這種複雜能力，到了寶寶大約十二個月大之後，喉頭位置慢慢下降，準備要發展口語語言的發音能力時，往往很容易因爲呼吸、咀嚼與呑嚥的協調能力不足而發生嗆傷意外，或是僅能一直停留在吃液態或半固態食物，無法順利邁向吃一般食物的能力。

另一個在人初千日變化極大、也和「好好的吃」有關的一個重點是牙齒漸漸萌發。每個寶寶冒出第一顆小白牙的時間不一定，大約在寶寶五個月到八個月大之間。乳牙不但對恆齒和現在及未來的健康很重要，更在這吃的方式變化很大的階段，讓寶寶學習咬斷、咀嚼各類食物，不但有助營養吸收，也會影響口語語言發展。所有的乳牙要長齊，大約是兩歲半到三歲之間，正好又是人初千日的最後階段。也就是，整個人初千日階段，寶寶其實一直在適應新的口腔狀態。此外，這階段寶寶有很多其他與吃有關的發展也經歷巨大變化，像是消化能力、手眼協調能力等；由此可見，人初千日階段在吃這件事情上的變化之大穩居人生之冠，所以在這階段讓親子一起學習怎麼「好好的吃」非常重要。

單單以上生理方面的理由，就值得人初千日家庭對食育鄭重以對，加上整個家庭也需要建立良好的飲食習慣與態度，包含如何吃得健康、吃得均衡、多吃食物、少吃食品、注意食材生產過程與方式等，人初千日家庭都需要許多務實的支持和引導，而不僅是各種副食品派別所強加的外來威權。

所以在NBF領域的動手做STEAM教育，可說是能完全建立和體現父母四大智能的方式。

心智智能方面，新手爸媽應該深入認識人初千日階段對人一輩子吃的能力上的重要性，從這角度去認識和寶寶吃方面有關的所有發展，像前面提到的咀嚼、吞嚥、牙齒、寶寶消化能力等，並看到副食品這個階段性的飲食對於寶寶一生吃的意義。這樣一來，當看到各式網路副食品學派南轅北轍的說法時，就更有能力分辨哪些資訊屬於事實，而哪些資訊只是僅供參考的觀點。

情緒智能方面，當新手爸媽發現自己在寶寶吃的人生中扮演如此重要的角色時，會更愛上自己這個升級之後的新角色，也從寶寶的成長中理解好好的吃並不一定是在燈光美、氣氛佳的高級飯店中享受美食，而是能和家人一起探索和食物之間的美味關係。不會再不理性地切割寶寶和爸媽的飲食經驗，能和孩童時代可能沒機會好好吃飯的自己和解，而真心愛上此刻和寶寶與家人一起共同備食、進食的經驗。

生理智能方面，每一對爸媽都有不同的烹飪經驗、家庭人口、工作型態、飲食習慣，並不需要和他人比較，或依照特定副食品學派來追求完美且符合該學派的標準。無論是副食品切磨的方式，或是究竟要選擇母乳或配方奶，甚至該親餵或瓶餵，都可以依自我覺醒做出決定。這樣一來，還會有滿滿的創意智能可以發揮。吃往往是創意智能最能發光發熱的場域，更是人初千日家庭創造共同的美味記憶最棒的方式。在進行NBF教育時，你也能傾聽家人身體需求、觀察家人對食物的反應和喜好、珍視家人共食共煮時光、賦權家人對吃進什麼的知識這些愛的法則。

STEAM是種教育創新的精神，並非只著眼在字面上的科學、技術、工程、藝術、數學等科目，而是強調一種跳脫外來平面資訊，以參與和動手做的深入學習精神建立起的素養。不只是孩子應該學習，人初千日STEAM教育更是父母開始華麗變身的創新關鍵，得以藉此深化四大智能。

當人初千日家庭父母能夠以這些用「愛」爲核心的STEAM教育來學習，以寶寶爲師、爲專家，產生四大智能，寶寶就能在滋養下進行人生關鍵的人初千日發展八部曲，也就是大腦與神經發展、生理與動作發展、社會與情緒發展，以及認知與語言發展。接下來的章節將分成上下兩篇，更深入介紹這八個一生一次、一生一世的關鍵發展。

人初千日覺醒：拉開距離，更有共識

原生家庭背景差異極大的余玉和成偉最終還是離婚了，兒子饅頭目前由余玉的爸媽照顧。

成偉雖然還是偶爾對余玉爸媽照顧孫子的方式不以為然，但少了夫妻間爭吵時的意氣用事言詞，余玉似乎也比較能理解為何成偉會擔心饅頭被寵壞，成偉也比較能對余玉爸媽無私的付出表達感謝。

余玉參加人初千日課程後，比較能理解自己在原生家庭的人初千日經驗值會如何影響自己對待下一代的態度，在和成偉溝通上也更有技巧了，讓這一對爸媽覺得離婚後，兩人在教養上反而達到更多共識。

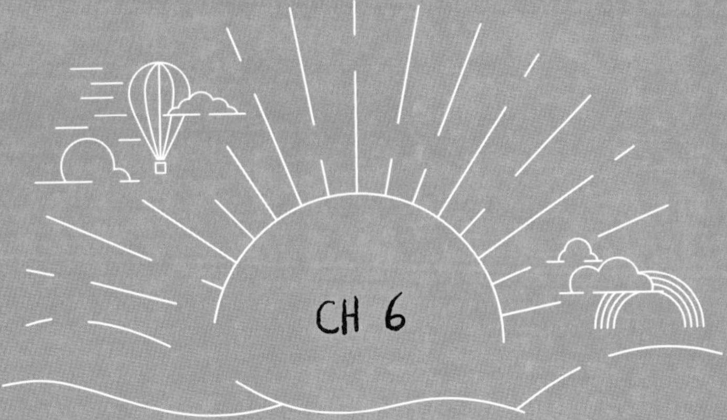

CH 6

人初千日 關鍵發展8部曲

上篇：社會與情緒發展、生理與動作發展

人初千日真實故事：年近半百迎來的生命禮物

毓芳四十七歲才生下小魚兒，那時她先生冠魁剛過完五十歲生日。都在公立學校擔任小學老師的他們，其實已經有了二十歲的大兒子和十七歲的小兒子，這個突如其來的生日禮物，讓兩人的心情很複雜。

雖然已是很有經驗的媽媽，但毓芳很晚才發現自己懷孕了。她逢人就說起這過程：那一兩年開始，她發現生理期總是不準時，體重也總在沒有特別吃什麼的狀況下直線上升，身邊親友都跟她說，這是更年期將至的正常現象，於是她不以為意，繼續過著忙碌而穩定的生活；直到她覺得自己怎麼老是感到疲倦不堪，也偶有噁心反胃現象，想問醫生看看能否舒緩更年期症狀時，才驚訝地發現自己竟然懷孕了，而前一天，他們全家才剛為冠魁慶祝五十歲生日。

毓芳和冠魁原本並不打算生下小魚兒，畢竟兩個兒子都長大了，他們夫妻倆也已年近半百，準備規畫退休生活，別說照顧新生兒的瑣碎累人讓他們吃不消，不知能否一路陪伴這個寶寶直到成家立業的不安感受，也讓他們沒有勇氣立刻接受這突如其來的生命禮物。

想不到，當兩夫妻討論時，被兩個兒子聽到了，兒子們的反應竟是喜出望外，口徑一致地說，他們盼了「一輩子」，當哥哥的願望終於要實現了！這樣的反應，讓夫妻倆心裡更掙扎了。他們一向尊重孩子想法，覺得不能忽略兒子的意見，左拖右拖下，已經不得不準備迎接小魚兒到來。加上產檢時，發現小魚兒是女生後，兩個準哥哥像孩子般手舞足蹈的反應，讓毓芳和冠魁笑得合不攏嘴，也稍稍緩解了焦慮。

但家中長輩就沒有如此正面看待這件事。婆婆高齡八十，身體還算健朗，但八十五歲的公公需要洗腎。婆婆平時還可以照顧公公，但洗腎時就常需要冠魁接送，或由兩個孫子課餘輪流搭車陪伴。身心常感疲憊的婆婆，總說他們夫妻倆很不會想，老了才生個小孩來找麻煩。一開始毓芳會用圓場的態度回說：「沒關係啊，兩個哥哥說會帶。」但婆婆總潑冷水說：「男生不會帶小孩，年輕人有自己的生活。」久而久之，毓芳也漸漸沉默了。但即使如此，仍沒有沖淡這個小家庭即將迎接小魚兒妹妹到來的喜悅與衝擊……

人初千日發展關鍵

成長和發展是人初千日過程慣用的兩個詞彙。一般來說，成長指的是「量」的增加，而發展指的是「質」的改變，人初千日家庭面臨的正是這種同時包含「質」和「量」的劇烈變化，而這變化無論是親或子，都需要豐富的養分來支持過程的蛻變。

新手爸媽除了能因參與六大STEAM深度學習，從練習眞正的「LOVE」發展出人初千日四大智能素養，來因應教養資訊世界不斷更新的多樣性；同時，六大STEAM教育與愛也是爲了滋養寶寶（或胎兒）在人初千日的關鍵發展八部曲所發展出來的。

正如前面章節不斷強調，人初千日對寶寶的成長和發展可說舉足輕重，是無法重來的重要關鍵。這一生一次的階段，如房子的地基、船隻的錨點，會決定並影響寶寶未來的「社會與情緒發展」「生理與動作發展」和「認知與語言發展」；當然，以上這六個發展，更源於此階段很特殊的「大腦與神經發展」。

在人初千日關鍵發展八部曲上篇，我們先來探討「社會」與「情緒」發展和「生理」與「動作」發展這四個面向。

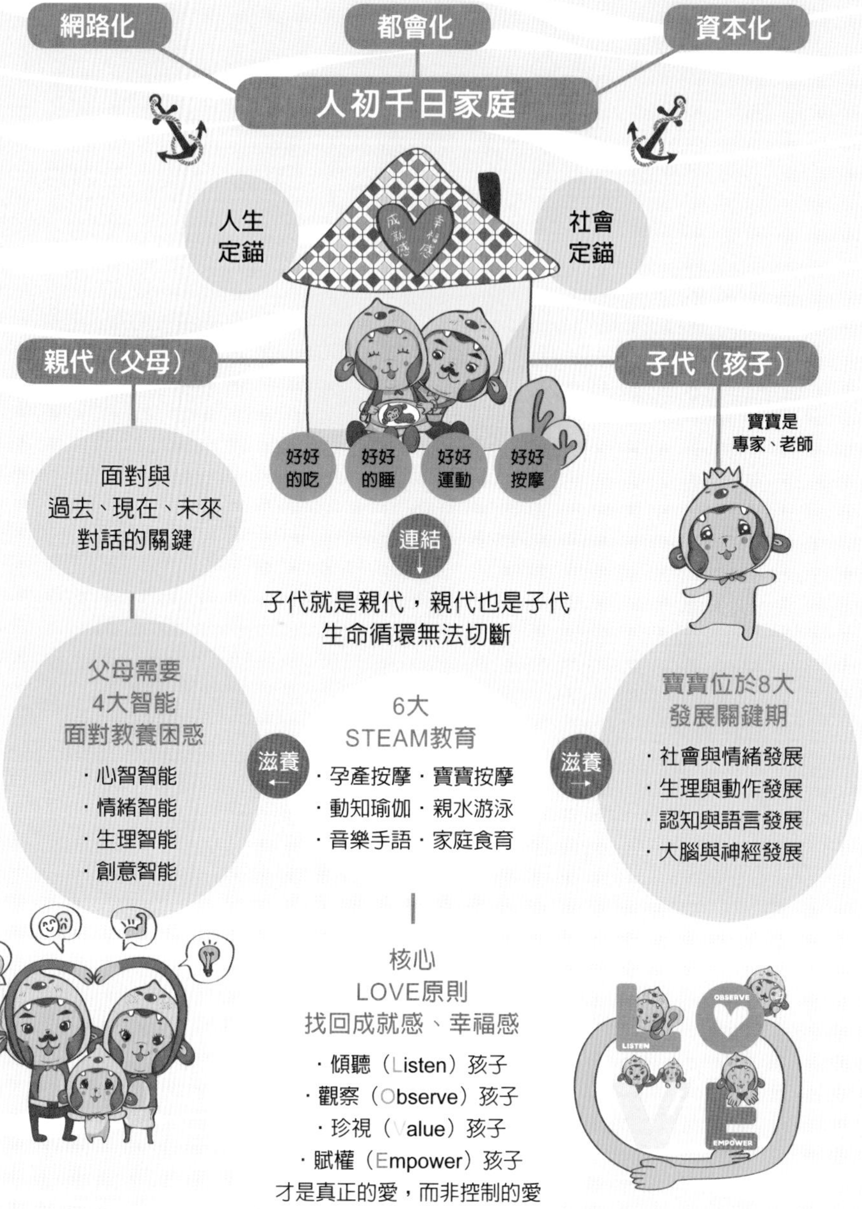
網路化
都會化
資本化
人初千日家庭
人生定錨
社會定錨
成就感
幸福感
親代（父母）
子代（孩子）
好好的吃
好好的睡
好好運動
好好按摩
寶寶是專家、老師
面對與過去、現在、未來對話的關鍵
連結
子代就是親代，親代也是子代
生命循環無法切斷
父母需要4大智能面對教養困惑
・心智智能
・情緒智能
・生理智能
・創意智能
滋養
6大STEAM教育
・孕產按摩・寶寶按摩
・動知瑜伽・親水游泳
・音樂手語・家庭食育
滋養
寶寶位於8大發展關鍵期
・社會與情緒發展
・生理與動作發展
・認知與語言發展
・大腦與神經發展
核心
LOVE原則
找回成就感、幸福感
・傾聽（Listen）孩子
・觀察（Observe）孩子
・珍視（Value）孩子
・賦權（Empower）孩子
才是真正的愛，而非控制的愛
LISTEN
OBSERVE
EMPOWER

社會與情緒發展

如果要你回想最年幼時的記憶，你可以想得到最小的記憶是幾歲？

事實上，幾乎沒人能回想起自己人初千日的記憶，科學家對此現象一直都很感興趣，甚至用「童年失憶」來形容。

二〇〇五年，美國埃默里大學派翠西亞·鮑爾教授和她同事的研究指出，童年失憶是因爲在幼年階段，大腦還在接續完成那些在子宮內未發展完的部分，尤其，用來處理那些被稱爲「記憶」的大腦區域尚在發展當中，所以長大後，我們往往覺得自己記不得人初千日發生的細節。

這種童年失憶經驗，常讓人質疑人初千日是不是眞的那麼重要，不過，其實人類的記憶除了「情節記憶」外，還有另一種稱爲「情緒記憶」。

想想看，你是否有過這樣的經驗：經過某個地方、看到某個人、聞到某種氣味、聽到某種聲音，就會產生特定的情緒，或許是快樂、傷心或憤怒，但你卻完全記不得之前曾有過這些體驗，當然更缺乏記憶的細節。這種情緒感受可能就是你的情緒記憶，人初千日正是情緒發展關鍵期。但或許因爲情緒看不到、摸不著，而且會「失憶」，所以在人初千日八大關鍵發展中常被人忽視。

情緒沒有對錯，只有原始與成熟之分

人類寶寶一出生，就擁有感受各種豐富情緒的能力，如迪士尼動畫電影《腦筋急轉彎》所描述，一些很原始、直接的情緒，像快樂、悲傷等，幾乎從一出生那一刹那就存在。爲了研究上的方便，兒童發展學家往往使用「正面情緒」和「負面情緒」來予以分類，做爲成人的我們幾乎都是從寶寶的表達來判斷寶寶情緒，特別是表情，像是「正面情緒」，可從寶寶瞇著眼、張嘴笑，來判斷他們是快樂的、滿足的；相對在「負面情緒」方面，若寶寶癟嘴哭泣或皺眉尖叫，則可判斷寶寶是傷心或生氣的。

情緒本身沒有對錯之分，都是中性的，只代表寶寶當下的狀態，但情緒卻有比較原始的情緒和比較成熟的情緒之分。以一般人最了解的「快樂」爲例，新生兒快樂的情緒通常原始而單純，只要吃飽、被溫柔擁抱著，就總能表現快樂的微笑；但過了新生兒階段的寶寶，會開始因熟悉成人的逗弄而快樂地笑，這是來自於他們已發展出社會互動能力，這種笑就相對成熟，也帶有社會性；甚至到了再大一點的寶寶，會因爲完成某些任務、被稱讚而有快樂的情緒，這又是另一種層次，帶著驕傲感的快樂情緒。當然，許多負面情緒也有層次之分，由於情緒通常都和與人互動有關，所以情緒發展和社會發展往往被放在一起探討。

人類之所以一出生就擁有豐富的情緒能力，和大腦有關。腦中掌管情緒的部位被稱作「中腦」或「邊緣系統」，這部分的腦又有個暱稱叫「哺乳類腦」，意思是地球上的哺乳類幾乎都有這部分的腦構造，也能感受情緒，並能用行爲表達出情緒來。例如家中寵物，我們很明顯地知道毛孩子有豐富的情緒感受。也會用一些行爲表現出情緒，所以人類寶寶和毛孩子在情緒的感受和表達上是很類似的，當有正面的情緒，就會出現相對的行爲和表情，反之亦然。

寶寶雖然一出生就因爲腦部邊緣系統的發達狀態而能感受情緒，卻因爲掌管理性思考的大腦部位，要等到更大一點才會變得夠成熟，因此寶寶往往還無法依照社會架構的規範，表現出「適當」的行爲來，所以常有所謂「情緒失控」的崩潰行爲。特別在生理需求沒有獲得滿足時格外明顯，例如：飢餓、想睡、疲倦時，就像成人不舒服時，也很難有好情緒一樣，因此成人應該盡量滿足寶寶生理上的需求。不過，當寶寶崩潰時往往無法完全靠自己回復，得由成人協助才能平衡情緒，但前提當然是成人要有比較成熟的行爲來面對自己和孩子的情緒，畢竟情緒是會相互影響的。

分開看待情緒與行為

由此可知，情緒和行爲雖然彼此相關，卻應該分開來檢視，因爲情緒沒有對錯，但行爲卻會因爲所處情境而有「適當」和「不適當」之分。

即使是成人，也需要把情緒與行爲分開處理。例如，如果你因爲不能購買某個名牌包而感到失望，這種情緒是正常而中性的，應該獲得同理；但如果你因此而去盜刷別人的信用卡，這種行爲就是「不適當」的。所有的行爲，特別是成人的表現，無論背後的情緒是什麼，都要能放在「社會」這個大架構來檢視。

再舉一個典型的寶寶案例：有個一歲半的幼兒跟著媽媽到超市，看到一包糖果吵著要買，被媽媽拒絕後就大哭大鬧，躺在地上打滾。請問在此情境中，有哪些是情緒？哪些是行爲？包含了哪些人的情緒和哪些人的行爲？

案例中的寶寶很明顯地因爲提出的要求沒被滿足，產生許多負面情緒，包含失望、憤怒、傷心等，於是用哭鬧、在地上打滾這些行爲來表達原始情緒。這時成人的角色就很重要，請記得成人在此時也有情緒和行爲兩個面向需要探討。在面對孩子表現出的行爲時，成人也會有情緒，可能包含憤怒、焦慮、困窘等；而在這些情緒感受下，每個成人則可能表現出不同的行爲，有些人會強力拉走孩子、當場動手處罰孩子，或是立刻買東西給孩子，或是在現場說理，試圖讓孩子知道自己是不對的……

孩子和成人雙方的情緒和行爲會相互牽動。此時，只有中腦成熟、而大腦還沒發展完全的孩子，在大量負面情緒淹沒之下，成人要先溫暖包容地同理他們的情緒。比較妥當的處理方式，像是成人可以先進行幾次深呼吸，提醒自己不要過度在意圍觀者，要先關照自己的內在情緒。等自己平靜後，蹲低身體，用比較低沉、平穩、緩慢的音調，有節奏地輕拍寶寶身體，提供寶寶如在子宮中聆聽媽媽心音的經驗，重複用具體的情緒字眼，幫助寶寶也覺察自己的情緒，因爲此時寶寶不成熟的大腦需要你這樣滋養。你可以說：「寶貝，我看到你在哭，你看起來很傷心、很失望。我知道你的感覺，你可以傷心和失望，我會愛著你和陪伴你。」雖然這時往往會發現寶寶不但沒有停止哭泣，反而可能哭得更大聲，不過此時的哭常會轉成一種抒發性質的哭泣，這時成人只需持續陪伴，直到寶寶哭聲轉成比較接近抽咽聲，甚至主動尋求你的抱抱後，就可以溫暖地抱抱孩子，牽起孩子的手離開現場。這時，有些孩子可能會爆發另一波的哭泣，因爲他們期待的買東西並沒有發生，但是性質上會和之前的哭泣很不一樣，往往在強度上會降低許多，相對的也因爲情緒被同理了，比較容易接受成人的說理。

以上這兩個處理階段，前面是讓孩子感覺被同理，讓他抒發情緒，可以被成人接受，屬於教養中的「溫柔」；第二個階段則是成人表達對於孩子行爲的態度，屬於教養中的「堅定」。

在這個例子中，如果成人沒有先關照自己的情緒，並把孩子的情緒和行爲分開處理，只是因爲行爲不適當就立刻處罰，孩子可能會一直處在失落狀況下，即使表面上的行爲處理了，但在成長過程中，當碰到更多人生困境時，當年的情緒沒被滿足的孩子就會帶著傷成爲大人，並不時任由負面經驗主宰人生。相對的，成人若一味滿足孩子，孩子也將失去在人初千日發展關鍵期學習的契機，無法意識到人生並不能永遠「跟著感覺走」。作爲群居動物的一員，在不同的人生階段，我們的行爲永遠會被放在社會架構上來檢視是否適當，被一味滿足而長大的孩子，很容易行爲失控，進而產生人際問題或是社會適應困難。

滋養社會情緒發展三任務

透過以上例子，我想試圖讓人初千日家庭的父母了解，在滋養寶寶社會情緒發展上，成人身負三項重要任務：

任務一：在〇～一歲，讓寶寶和照顧者發展親密而安全的關係。

任務二：在〇～兩歲，讓寶寶發展出認識自己與了解他人情緒的能力。

任務三：讓寶寶逐步建立能以社會、文化或家庭情境可接受的行爲適切表達情緒的能力。

任務一：發展親密而安全的親子關係

依附感與親密感是討論親子關係時常使用的兩個詞彙，看起來相似，但其實有所差異。依附感一般指的是「子對親的感覺」，而親密感則是「親對子的感覺」，兩者會相互影響。

認識依附感：孩子對父母的依附感覺

人類的新生兒必須完全依賴他人來滿足個人需求，有點像剛到異地旅行的旅人，在完全不懂當地民情風俗、不會當地語言的情況之下，無論碰到誰，唯一的生存法則就是全心全意依賴眼前遇到的對象。

新生兒一次次地依賴照顧者，從需求是否獲得滿足的經驗值中，建立起對爸媽的強烈感受，也就是「依附感」。

你的孩子是哪一種依附型寶寶？

每個寶寶對照顧者都有強烈的依附感，在發展階段時，父母對寶寶「依賴」行爲的回應就會決定依附感的品質。孩子與照顧者之間建立起的關係樣貌，會成爲人格中重要的一部分，以及未來和其他人互動的基礎。特別是〇到一歲左右這一年，因爲接下來的學步階段，寶寶需要

寶寶發展依附感四階段：

a. **前依附感階段（出生到6週）**：寶寶用天生的微笑、哭泣、眼神等訊息，吸引照顧者靠近，當獲得正面回應時，寶寶停止哭泣或表現快樂來回饋照顧者，讓照顧者行為受鼓勵而保持。此時寶寶雖認得照顧者的氣味和聲音，卻還沒正式發展出對特定人的依附感，因為他們還不介意和不熟悉的成人在一起。

b. **依附感發展中階段（6週到6至8個月）**：孩子開始對熟悉人和陌生人有不同反應，在互動經驗中，他們學會自己的行為會對他人有影響，開始產生信任感。雖已會分辨陌生人，也會對陌生人與照顧者靠近反應不同，但和照顧者要分離時還不懂得主動表現抗拒。

c. **依附感清楚切分階段（6至8個月到18個月至兩歲）**：明顯產生和主要照顧者間的依附感，信賴的成人離開時，展現分離焦慮，分離焦慮通常在15個月左右達到巔峰，會尾隨或攀附在成人身上，當成探索環境時的安全基地。

d. **互惠關係形成（18個月到兩歲以上）**：要到兩歲左右，孩子才開始會用協商方式，取代分離時的抗拒行為。

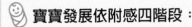

面對比起新生兒階段更獨立的人生，所以此時爲情緒「定錨」格外重要。

根據瑪麗．愛因斯沃斯教授的陌生情境研究指出，孩子會產生四種依附感類型，在寶寶大約十五個月大的分離焦慮高峰期就看得出來：

①**安全依附型**：安全依附型的小孩在陌生情境中可以自由地探索環境，媽媽離開時會難過哭泣並尾隨；媽媽回來時，則很快地靠近尋求安撫。安全依附有助社會及情緒發展，嬰兒才能逐步適應與母親分離，致力探索環境，發展出自我概念。成年早期面對愛的關係時，才能出現有點黏又不會太黏人的適當愛的行爲。

②**焦慮矛盾型**：即使母親就在身旁，面對探索依然感到焦慮。母親離開時，孩子會非常沮喪；母親回到身旁時，又變得很矛盾，明明想親近卻充滿憤怒，當母親開始注意他時又會想要抵抗。根據心理學家的研究，此類型嬰兒的照顧者特性爲：照顧能力差、不懂得如何滿足嬰兒需求、很多前後不一致的行爲，對寶寶加入人生有種矛盾的困惑感。這樣的寶寶成年後在處理自己的人際關係上，往往無法對親近的人產生信任，容易在「愛」的關係上出現較多懷疑。

③**逃避型**：迴避和忽視母親存在，對母親離開或回來不表現出情緒，面對陌生人和母親是一樣的，不管誰在這個環境，也沒有太多的憤怒。心理學家指出，這類型孩子的照顧者通常

是虎爸虎媽，對嬰兒不敏感或常表現出負面反應，並拒絕身體接觸。他們成年後也容易對「愛」的關係表現冷漠。

④ **紊亂型**：最不幸的一種類型，往往來自本應是安全感來源的照顧者卻威脅了孩子的安全，例如小孩遇到令人驚嚇或害怕的照顧者。紊亂型依附的孩子從照顧者眼中所理解的自己，有如來自一面破碎的鏡子。經歷這種童年的孩子會帶著很深的傷長大成人，往往形成傷害自己或他人、甚至是下一代的不幸循環，需要社會福利系統介入。

認識親密感：父母對孩子的親密感覺

相較於孩子對父母一定會產生依附感，只是品質高低取決於父母的回應，不太公平的是，成人並「不一定」會對自己的寶寶產生親密感，因爲成人並不需要依賴孩子才能生存。迎接新生命時，成人在各方面的準備度是親密感的重要決定因素。

舉個極端的例子，如果有兩個媽媽，A媽媽在三十歲時發現自己懷孕，她很開心，因爲這是她和先生計畫中的孩子，雖然和其他的新手爸媽一樣也會對育兒預算、未來生涯規畫等問題感到焦慮，但隨著慢慢一起學習和安排，他們開始產生未來新的人生藍圖，準備迎接小生命到來。相對的，B媽媽在十一歲時被社工發現懷孕，她自己的爸爸是從未謀面的受刑人，媽媽也早已離她而去，從小唯一照顧她的家人是多重障礙的祖母。她從生活的掙扎中，學習到性交易可以換得部分溫飽，往來對象一向複雜；這次是她第一次懷孕，她高度懷疑是不久前被性侵的結果，但仍無法確知對象是誰；面對肚子裡的生命，除了把她的人生更拉向谷底，她沒有一丁點幸福的想像。

可想而知，故事中的A媽媽一定比B媽媽更有可能對寶寶產生親密感。用這強烈對比，我試圖讓父母看到滋養人初千日家庭有多重要。雖然我們都說，沒有人是完全準備好才當爸媽的，但這個準備程度卻影響重大，要滋養孩子，你絕不能不滋養自己。

人初千日覺醒的其中一項，就是父母的準備度，這些足以讓你在這一壓力破表的人生關鍵時刻，還能感受到成就感與幸福感。所以在檢視人初千日家庭的親密感時，我往往強調要給予充分的滋養，雖沒有完美的親密感條件，但支持越充分越好，最核心的條件就是「愛」。滋養爸媽看到孩子的愛，並對孩子產生親密愛意十分重要。

當人初千日家庭的爸媽能對孩子有充分親密感，孩子也相對容易對爸媽發展出安全型依附感，就能順利完成人初千日寶寶社會情緒發展的第一個任務「和主要照顧者發展親密而安全的關係」，並準備迎接下個任務了。

任務二：發展認識自己與了解他人情緒的能力

人類自古過著群居生活，沒有人能在完全不依賴他人的情形下生存，即使是漂流荒島的魯賓遜，都需要創造一個籃球朋友「星期五」作爲情感依賴的對象。

我們每個人都從人類先祖身上繼承了「在乎別人」的基因，最在乎的就是我們親近的人。人初千日就是寶寶學習認識自己情緒和了解他人情緒這種能力的關鍵階段，特別是出生後到大約兩足歲這段期間。

年幼寶寶雖擁有豐富的情緒感受力，但卻無法理解那些強大的感受到底是什麼，因爲此時寶寶不成熟的大腦還沒有語言這種符號來編碼諸多感受，知道自己是「快樂的」「傷心的」或「生氣的」。隨孩子年齡越來越大，開始慢慢擁有一些語言能力，照顧者刻意幫助孩子練習說出情緒的名稱，就非常重要了，像是：「我看到你在哭，你應該很傷心。」「我不給你買玩具，你臉都脹紅了，應該很生氣吧。」「你笑得眼睛都瞇起來了，感覺很開心。」

使用這些情緒名稱能起到「賦權」效果，讓孩子認識自己的情緒，並知道自己被完全的同理與接受，這樣一來，他們才能完全接受自己眞實的樣子。在這過程當中，照顧者或許也一併療癒了住在自己心中的人初千日孩子，那個曾因情緒不被理解與接受而受了傷的孩子。

除此之外，寶寶的「自我意識」正在形成，這是人初千日階段和社會發展關係密切的概念，也就是說，孩子通常要到一歲半時，才慢慢發現自己是獨立個體，和身邊的人完全不同。一九七○年代晚期，發展心理學家麥可．路易斯和他的團隊用「紅粉測試」實驗來了解幼兒的自我意識，讓不同月齡的孩子站在鏡子前，鼻子被抹上紅粉，發現大約一歲半以上的孩子，才會知道鏡中影像其實是自己。有了自我意識的孩子，才能發現自己和身邊其他人都不同，此時了解他人情緒才有意義。

在這階段的親子互動上，**共讀繪本是對社會發展很有幫助的好方法，特別是與情緒有關的繪本**，可以幫助孩子看到繪本中各個角色在互動過程中產生的情緒，偶爾也可以把繪本中的人物改成孩子的名字（前提是孩子不排斥），有助於認識自己與了解他人情緒。

任務三：學習用「社會人」的適當行為表達情緒

當孩子了解和認識自己與他人情緒後，輔導孩子的行為就有了意義，也就可以接續滋養人初千日寶寶社會情緒發展的第三項任務：讓寶寶逐步建立能以社會、文化或家庭情境可接受的方式，適切表達出自己情緒的能力。這項任務至少要持續到孩子大約三足歲，也就是人初千日的尾聲。

隨著孩子越來越了解自己和他人的情緒，就能應用與生俱來的觀察力，發現哪些行為會引起哪些特定情緒，因爲人初千日孩子對父母濃烈的愛，寶寶是很不希望爸媽感受負面情緒的，所以在這個階段若要輔導寶寶的行爲，除了要把情緒和行爲分開來處理外，還可以**善用「我」訊息的技巧**。例如，一個兩歲的孩子因爲遊戲時間結束，爸媽讓他停止而生氣，並揮手打了爸媽。爸媽可以說：「我看到你因爲不能繼續玩在生氣。我知道你生氣了，但我不喜歡你打我，你打我讓我身體好痛，也好傷心，我討厭這種感覺。」這個「我」訊息的應用，比起說：「打人是不對的，不管你再怎麼生氣都不可以打人。」來得有力許多，因爲後者只是教條，而沒有社會情緒的意義在裡面。

當然，跟社會情緒有關的繪本仍是很有用的工具，讓孩子多參與同儕遊戲互動，也對孩子發展社會情緒能力有幫助，這是讓孩子與爸媽以外的人練習建立關係的好機會，過程中難免產生摩擦，若不會造成重大傷害，爸媽不妨先旁觀，不要立即介入，讓孩子自己發展面對衝突的社會情緒能力。有一種所謂「ＡＢＡ」形式的音樂活動技巧可供參考：爸媽先找兩段音樂，彼此有明顯差異，接著給孩子兩種活動指令，像是聽到A段音樂時走路，聽到B段音樂時跳躍，讓孩子聽音樂進行活動。這樣的活動能藉由音樂的幫助，使孩子慢慢發展出內在身體控制力，這是孩子能使用「社會人」的適當行爲來表達情緒的基礎。

實作

爸媽一起來，滋養寶寶社會與情緒發展

由於社會與情緒是人初千日八大關鍵發展中非常核心的兩項，幾乎此時所有親子互動都和社會情緒發展有關，所以原則上，只要親子間共享有品質的相處時光，隨時留意寶寶發出的投入與游離線索，並加以尊重，就能滋養寶寶的社會情緒發展。在此我也特別介紹幾個簡單方法，帶領父母用人初千日六大STEAM教育來滋養寶寶的社會情緒發展。

人初千日胎兒期

CBM孕期產期按摩：舒緩孕媽咪不適與不安

從準備懷孕開始，配偶就可以把爲另一半按摩列入固定的互動日程。進入孕期後，準媽媽因爲荷爾蒙變化、體重增加、對未來的不確定感而產生的不適，都可透過配偶的按摩獲得緩解，並幫助孕媽咪產生更多正向情緒荷爾蒙，讓雙方互動更甜蜜。

孕期很適合做手部按摩，簡單又不受時空限制，可以隨時進行。不只孕媽咪享受，也可以回饋給配偶。手部的觸覺接收器非常豐富，同時也擁有全身各部位的反射區，所以手部按摩可說是非常全面性的。

① 準備一瓶植物性、冷壓且食用無虞的按摩油，若對於芳香療法有專業知識的配偶，可添加適量安全的芳香精油。準備好一條溫熱的毛巾。找個舒適的位置一起坐下。

② 把按摩油放在掌中溫熱後，握住孕媽咪的手，深情地說些感性的話，並告訴孕媽咪：「我要開始幫妳按摩了。」

③ 從肩膀往手腕方向，往下順著手臂肌肉束方向，按摩孕媽咪的手臂，隨時和孕媽咪確認力道，遵守「力道減半原則」：也就是和孕前的孕媽咪喜歡的力道相比，按摩力度需減半。如果孕前不曾接受按摩的孕媽咪，則與平均大多數人喜歡的力道相比減半即可。

④ 從雙手握住孕媽咪上手臂，以左右滑動的方式進行按摩（注意：不是用手腕的力量，而是運用手肘的開合來帶動手掌），並從上臂往下滑按至手腕處。

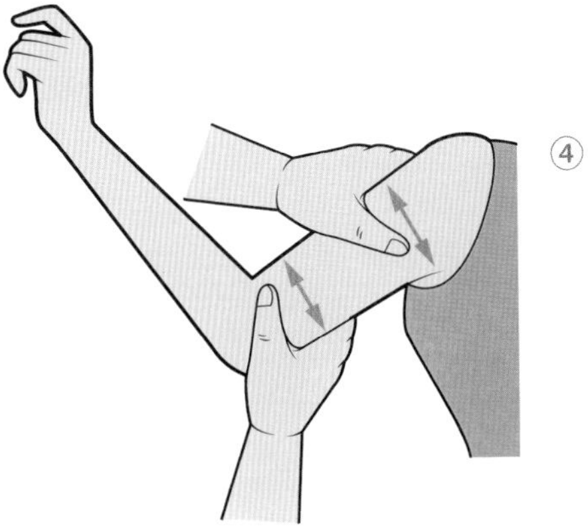

⑤ 從握著孕媽咪的手，使用兩手拇指指腹，從手腕往手指的方向，再往兩側滑按手背。

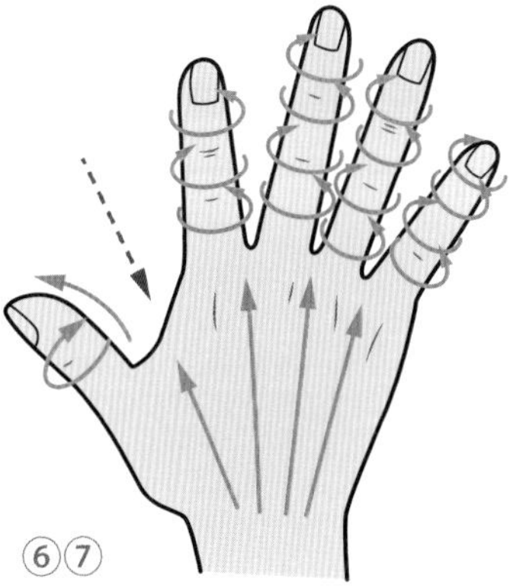

⑥ 找到孕媽咪指骨與指骨間的縫隙，使用手指指腹，由靠近手腕處往手指方向按摩，並回推指間的軟組織。

⑦ 以螺旋方式、離心方向按摩孕媽咪的每根手指頭，結束時稍微晃動手指。

⑧ 握著孕媽咪的手，使用兩手拇指指腹，從手腕往手指方向，往兩側滑按手掌，避免在靠近手腕處施壓，這是子宮反射部位，只適合待產時與產後按摩。

手掌心靠近手腕的位置，為子宮反射區，只適合待產時與產後按摩，孕期按摩請避開，以輕撫代替。

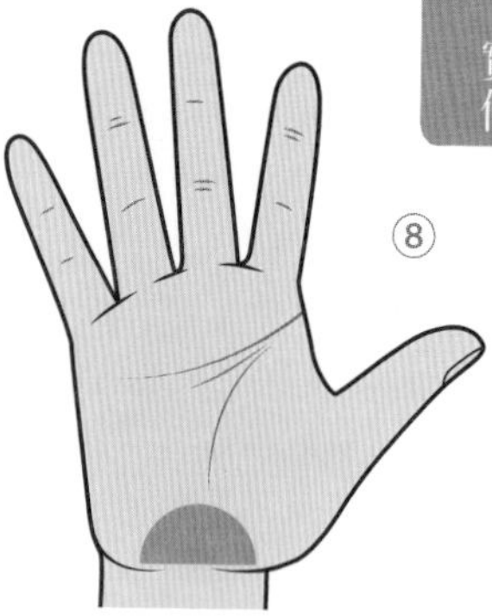
⑧

⑨ 使用指腹，在孕媽咪手掌上畫小圓圈，注意事項和⑧相同。

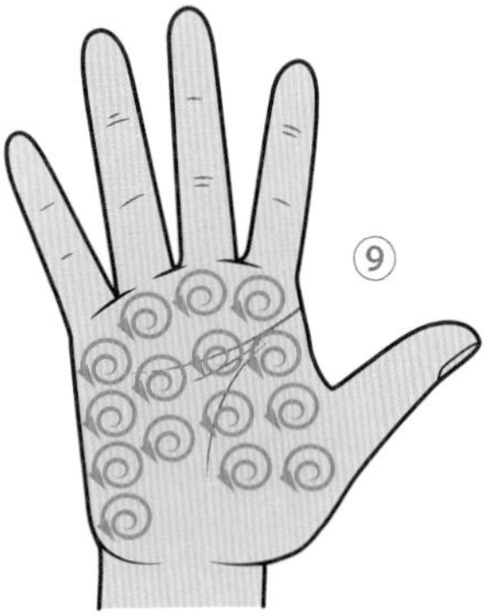
⑨

⑩ 用雙手分別握住孕媽咪大拇指側和小拇指側的手掌，分別往外與往內輕施壓。

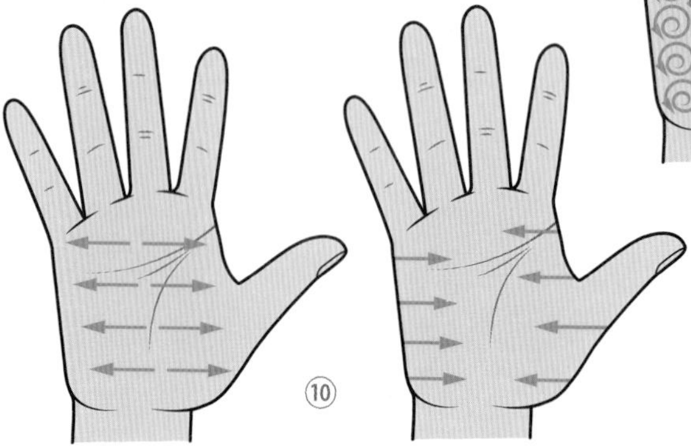
⑩

⑪ 使用指腹，環繞孕媽咪手腕，進行按摩。

⑫ 從上臂到手腕以向心方向，順著手臂肌肉束，分段按摩孕媽咪的手臂，隨時和孕媽咪確認力道，遵守力道減半原則。

⑬ 使用熱毛巾包覆孕媽咪的手。

⑭ 用感性的語言感謝彼此的愛。

DS動能知覺瑜伽：孕期就可以練習，滿足親子動態需求

在孕期就和配偶一起練習DS動知瑜伽爸媽版，不但能熟悉這些動作、讓爸媽意識到寶寶與自己的動態需求，同時也能養成人初千日家庭好好運動的習慣，更重要的是可用正面情緒來接受寶寶靜態與動態的存在。

以下這些DS動作式，都是DS寶寶動能知覺瑜伽動作式的改編版，等寶寶出生後，可以回復爲寶寶版應用在孩子身上。

① **雙手交叉式**：孕媽咪用雙手在胸前環抱，配偶可坐或是站在孕媽咪身後，雙手分別握住孕媽咪的兩個手肘，抱住孕媽咪。雙方一起深吸氣後，在吐氣的瞬間，把孕媽咪的手肘往後拉，再放開。雙手交叉式可加深孕媽咪呼吸深度，在子宮日漸變大壓迫橫隔膜和肺臟、造成呼吸較短淺時很有幫助，也能舒緩情緒。

② **手腳交叉式**：孕媽咪與另一半並肩站或坐，兩人靠在一起的那隻手，都觸摸自己對邊的膝蓋，兩人另外一隻手伸到背後，試著和另一半的那隻手十指緊扣，此時身體會自然旋轉成有點像背對背的姿勢。留意身體的反應，不讓孕媽咪產生過度負擔，隨時調整姿勢保持安全，必要時可使用毛巾，連結兩人原該緊握的手，降低難度。

③ **坐姿樹式**：孕媽咪與配偶背對背坐著，一邊的手自然下垂，另一邊的手十指緊握，以緩慢畫圈的方式，互相協助伸展手臂。在上舉時稍做停留，讓腋下淋巴獲得伸展。彼此溝通可以接受進行瑜伽運動的幅度與時間，兩邊都以同樣的方式輪流進行。完成後可以幫對方做手部按摩加以舒緩。

④ **雙人划船式**：孕媽咪與另一半面對面，雙腿伸直坐在按摩瑜伽墊上，互相握住彼此的手臂，像划船一般，一個人前傾，另一個人就後仰。注意孕媽咪的舒適程度，不進行過度伸展，也要保持後仰時的安全性。

⑤ **小蝴蝶兒式**：孕媽咪躺平，雙腿微曲，向左右張開，各自貼平在按摩瑜伽墊上，腳心彼此相對。配偶協助握住相對的腳心，並朝著孕媽咪的鼠蹊方向輕推，微施壓力。這個動作可以舒緩懷孕中後期恥骨部位的壓力與不適。

CBM寶寶撫觸按摩：按摩腹部可以調節情緒

CBM寶寶按摩一向是滋養人初千日寶寶社會情緒發展的重要親子互動。在寶寶大約〇到一歲、發展學家視爲「第四孕期」的階段，充滿「LOVE原則」的CBM寶寶按摩可以給予滋養，從完全依賴母體的胎兒長成準備迎接更精采人生的幼兒，更可在身心靈上滋養人初千日家庭其他成員，做好人生升級準備。CBM寶寶按摩有多達七十多種手法，以下介紹簡單的腹部按摩，因爲腸胃道一向被視爲「第二大腦」，也因爲可以調節情緒的血清素有九五％以上都是由腸胃道分泌，CBM腹部按摩對發展寶寶社會情緒十分有益。

CBM聯盟暱稱這套按摩方式爲「維他命」式按摩，也就是可以像日常按三餐進食一樣天天做，也可以在想強化寶寶發展時額外進行。

① **準備好植物性、冷壓、無香味、食用無虞的按摩油**，用雙手搓熱，徵詢寶寶同意後，將手置於寶寶腹部，用充滿愛的話語讓寶寶知道「這是肚子」，爸媽將用愛來按摩。

② **水車轉動法**：從寶寶肋骨下緣往鼠蹊方向，用雙手以水車葉片轉動的方式輪流按摩寶寶肚子，可以一邊按摩、一邊唱歌。如果是寶寶在胎兒階段時就常聽爸媽哼唱的歌曲最好，且盡量每次都唱同一首，不但能夠穩定寶寶情緒，達到制約效果，也能提醒爸媽別急躁，要當一個好整以暇的按摩者，珍視美好親子時光。

③ **雙膝上彎式**：用雙手握住寶寶小腿靠近腳踝處，彎曲膝蓋後，靠近寶寶的肚子停留一會兒，再把雙腿伸直，稍稍晃動、放鬆。進行過程一樣可以唱首歌，寶寶是天生的音樂家，對於歌聲的興趣永遠大於平時說話的聲音。由於腿部肌肉是隨意肌，像這樣以隨意肌牽動腸胃道不隨意肌的瑜伽運動方式，配合簡單按摩就得以滋養寶寶尚在發展階段的腸胃道。

④ **日月按摩法**：使用雙手輪流在寶寶腹部以順時針方向按摩。協調性比較不足的爸媽，可以同時使用兩隻手一起順時針畫圓；協調性還不錯的爸媽，可以試著一隻手連續順時針畫圓，另一隻手則以逆時針、從九點往五點方向畫半圓。過程中同樣可以對寶寶唱同一首歌。

⑤ **再次重複雙膝上彎式。**

IAF寶寶親水游泳：讓寶寶習慣親近水世界

水體占地球七〇%以上面積，而人體也有七〇%以上由水組成，人類的先祖生命更是起源於水，所以人和水世界互動是很自然的事。前面提過水世界和陸世界截然不同的浮力、阻力、包覆感等，配合人初千日寶寶發展特性，水世界的滋養環境與人初千日家庭可說是天作之合，光是和寶寶一起健康安全地泡在水世界中，就足以帶來訴說不盡的好處。一家人在水中，可以放鬆在此階段面對種種挑戰的壓力，也會因爲需要相互扶持而更加信任彼此；同時，此階段寶寶的脂肪與肌肉比例、潛水反射等仍存在的特性，讓寶寶在水中比爸媽更怡然自得，爸媽更能建立以寶寶爲師、爲專家的觀念，非常有助於人初千日家庭發展社會情緒。

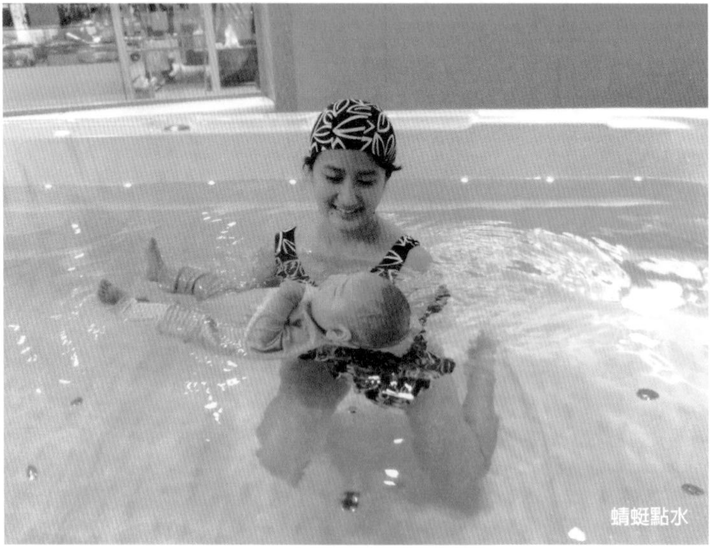

蜻蜓點水

示範者：林言臻（母）；陳奎均（子）

① **從浴室開始的親水活動**：洗澡是寶寶天天接觸水的經驗活動，更是爸媽幫寶寶做好親水準備的絕佳契機。傳統沐浴教學都避免讓寶寶的臉碰觸太多水，但事實上新生兒剛從充滿羊水的子宮而來，對水的感受十分親近。最簡單的親水方式是為寶寶清潔頭與臉部時，可先從不把毛巾擰很乾開始，再慢慢讓毛巾滴水，使水滴自然流到寶寶頭臉，並用手幫寶寶把水自臉部由上而下抹去，制約寶寶習慣以上親水動作。

② **蜻蜓點水**：人初千日寶寶對新體驗非常敏銳，不同形狀和深度的水容器、不同強度的水流，都會累積寶寶經驗值。也因為先天氣質差異，每個寶寶面對新經驗往往會有不同的情緒反應，如果每次入水都能以漸進式、左右輕搖的方式開始，未來有機會接觸新的親水環境時，蜻蜓點水的習慣就會成為制約孩子理解的重要線索。

③ **親子共浴親水活動**：家有浴缸的家庭可嘗試親子共浴。一位成人先進浴缸坐好，另一位成人把寶寶交到浴缸中的成人手裡。使用「搖籃抱姿」抱寶寶，也就是讓寶寶頭部枕著手肘凹處，這隻手還要同時握住寶寶大腿，另一隻手則托著寶寶臀部，可親近地望著孩子，在浴缸中溫和飄浮著。當成人更有信心時，放開托著臀部的手，讓水的浮力支持寶寶，寶寶也感受水的浮力。經過一段時間之後，親子雙方都更有信心，也更信任彼此了，甚至可以僅用單手托住寶寶頭頸，讓他自在飄浮。

④ **水中轉身**：對於在陸地上行動能力仍十分有限的嬰兒來說，水世界獨有的浮力與阻力反而讓他們在水中行動相對容易。爸媽可用兩手輕托寶寶腋下，試著協助他們在各種形狀與深淺的浴缸中體驗水中轉身。轉身時，寶寶有機會感受全身肌肉骨骼與視覺相互配合的經驗，彷彿是自主活動，這樣的互動親水遊戲很能促進寶寶建立自信心。如果寶寶月齡還小，大約三個月以下，爸媽的手要同時托住寶寶頭頸，給予很多愛的注視；在寶寶轉身看不見爸媽時，爸媽可以輕聲呼喚或是歌唱。

水中轉身

從搖籃抱姿到單手托頭

NBF人初千日食育：品嚐食物原味

飲食會影響情緒是近年科學界的重大發現，父母尤其需注意寶寶的飲食習慣，像「高糖效應」讓人正視合成糖攝取過量情形。

NBF以務實的飲食方針鼓勵人初千日家庭從餐桌找回愛的溫度、成就感與幸福感。除了推廣彩虹飲食，在烹飪時建議〇到一歲寶寶盡量品嚐食物原味，鼓勵備餐者挑選天然食材，避免添加調味料。寶寶一歲後雖因活動量增加可少量添加天然調味料，但因已習慣食物原味，人初千日家庭飲食習慣只要由此慢慢養成，自然就不會攝取太多對情緒產生負面效果的飲食。以下介紹幾種可對情緒產生正面效果的食材。

① **藜麥**：富含蛋白質的全穀物，其營養價值近年來受到廣泛重視。其中富含的類黃酮經科學證實有抗憂鬱效果，同時也是非常老少咸宜的食材，可以取代相對較無營養的白米飯或白麵條，變化出豐富的飲食，無論是蒸熟了做成藜麥飯、藜麥粥直接吃，或是加入蔬果做成濃湯都十分美味。

② **鮭魚**：富含Omega-3脂肪酸，已證實能讓心情變好。在寶寶更小一點、開始嘗試魚類副食品時，鮭魚常是首選食材，主要是因為市售鮭魚排幾乎已處理掉魚刺，吃起來相對安全，因此寶寶進入學步期時往往已很習慣鮭魚味道。鮭魚料理變化豐富，無論蒸、煎、烤，都可擄獲人初千日家庭的胃。

③ **富含維生素B6的食材**：維生素B6可將食物中的色氨酸轉成血清素，血清素在人類情緒中扮演重要角色。深綠蔬菜像菠菜、羽衣甘藍，肉類如海鮮、家禽肉、牛肉等，都富含維生素B6。這些都是美味又好變化的食材，可依照彩虹飲食日誌原則，在各種色彩中平均攝取。

④ **葡萄**：紫紅色的葡萄和很多相同色澤的食材一樣，含有一種稱為白藜蘆醇的營養素，具有高度抗氧化作用，也證實能讓情緒維持正向。美味的葡萄甜度高，適量的天然甜食也能提振情緒。食用前妥善地將葡萄皮、肉、籽分離，不但能直接吃果肉，營養價值更高的皮與籽還可以變化成果汁、果醬、軟糖等食物，適合人初千日家庭所有成員一起享用。

BSS寶寶音樂手語：透過手語字彙認識情緒

人初千日社會情緒發展的一項重要任務就是幫助孩子認識自己與他人情緒，開始學步的孩子也開始牙牙學語，正是發展良機。無論你之前是否接觸過BSS寶寶音樂手語，隨著寶寶在人初千日階段認知語言和社會情緒發展越來越成熟，如果能有些字彙對照自己與他人的情緒感受，會非常有幫助。

與情緒有關的字彙，像生氣、傷心、快樂、害怕等，在口語上並不是那麼容易立刻應用，即使部分孩子已能理解這些字彙，往往還是無法做口語表達。此時，若能使用手語進行更多理解與表達，不但親子互動質量更佳，也能滋養整體社會情緒發展。以下介紹幾種與情緒有關的美式手語ASL字彙。

這些和情緒與感覺有關的手語字彙，不但在自我表達時很有幫助，更可延伸進行許多遊戲與互動，進一步促進社會情緒發展。

BSS寶寶音樂手語影片，請掃QR Code觀賞：

① **快樂**：表情愉悅，使用慣用手將五指併攏後放在胸前，手心朝自己，由下而上揮動數次，表現出快樂的情緒是由心油然而起的感受。

② **生氣**：表情憤怒，使用雙手，所有手指微曲，手心朝自己，在胸前快速地由下而上揮動，表現出怒火中燒的樣子。

③ **傷心**：表情傷心，雙手手心朝向自己，在臉的前面由上往下移動，表現出情緒低沉的樣子。

④ **害怕**：表情驚恐，雙手從身體兩旁，突然放在胸前交叉，手指伸出，手心朝自己，表現出被突如其來的人事物驚嚇的害怕樣子，伴隨嚇一跳的聲音。

⑤ **興奮**：表情興奮，雙手放在胸前，中指微微往前伸出，手心朝自己，在胸前不斷揮動，表現出內心雀躍不已的樣子。

⑥ **害羞**：表情害羞，慣用手四指併攏，拇指分開。把手背放在臉頰上轉動的同時，低頭向下，表現出害羞不敢看人的樣子。

生理與動作發展

人初千日寶寶劇烈變化中最明顯、最容易為人注意的成長與發展莫過於生理發展，不只體重、身高，身體比例的變化也很驚人。寶寶頭身比例快速改變，主要依循兩大生長方向原則：「從頭到腳原則」（cephalocaudal trend，頭部比例在出生時遠大於其他部位，約占身長四分之一）和「軀幹向肢體原則」（proximodistal trend，頭、胸先長，後長四肢手腳），這意味在此階段的寶寶幾乎每分每秒都要重新適應使用嶄新的身體，學習與之共處。此時更是動作發展關鍵期，這也就是為何肢體和動作發展總被放在一起討論。

影響寶寶生理發展的因素同時包含先天與後天，一般人最常犯的迷思就是期待寶寶白白胖胖，胖嘟嘟的孩子不等於健康寶寶，健康寶寶體型應該「剛剛好」，且「符合成長曲線」。

很多爸媽喜歡拿自己寶寶和別人家寶寶比較，其實每個爸媽身高體型都不同，也就是遺傳的影響都不一樣。此外，寶寶成長發育速度也不同，小時候胖不代表長大一定胖，環境因素也不盡相同，不需過度期待寶寶又高又壯。但若寶寶的「兒童成長曲線」落在低於世界衛生組織（WHO）公布標準範圍的三%以下，最好請醫師協助評估是否已影響其他發展，以及是否需要加強寶寶營養和其他幫助。

白白胖胖不是福？

生理發展和各方面發展息息相關，特別是動作發展，正如之前提到人初千日寶寶隨時都在和新的身體相處，所以當生理發展沒跟上應有進度時，身體很難發展出適當的肌肉張力，而不恰當的肌肉張力會影響動作發展的正常進度。

與動作發展同樣息息相關的另一項生理發展，就是寶寶的脂肪與肌肉比例。寶寶身體脂肪比例幾乎都高過肌肉，所以總顯得圓潤可愛，這也是許多成人偏愛寶寶白白胖胖的原因，不過若寶寶脂肪比例太高，不見得有利動作發展。這是因為脂肪有重量，但寶寶要完成「翻身、坐、爬、站、走」這些階段性動作，要能應用肌肉的力量學習控制身體。胖嘟嘟的寶寶，肌肉比例相對低，又要控制相對重的身體，不難想像他們可能在動作發展方面沒那麼快。

過度肥胖還可能影響寶寶健康，所以爸媽應注意寶寶BMI值（身體質量指數），由寶寶的體重（公斤）／身高（公尺）平方得出。網路上很容易搜尋到BMI標準表，進行比對後就更能了解寶寶是否需要調整飲食與運動。

除了一般熟知的遺傳與飲食會影響生理發展之外，情感互動也是影響原因之一。科學家發現若缺乏正向親子互動，寶寶即使營養攝取無虞、出生時身高體重正常，也有可能無法順利發育成長，因此鼓勵人初千日家庭進行六大STEAM教育，也是促進生理發展的好方式。

進一步解釋人初千日動作發展，一個發展好的孩子做什麼動作都很靈活順暢，也會對自己很有自信心，無論是發展粗大動作（比如籃球高手姚明）或精細動作（比如鋼琴大師朗朗），奠基的階段就在人初千日。科學家發現這階段大腦神經正處於黃金發展期，如果爸媽持續且適當地進行動作輸入，寶寶大腦就會獲得意想不到的成長效果。因此，四肢發達的孩子頭腦其實「不簡單」，當人初千日寶寶揮動小手小腳，大腦就「記起來」這些經驗，再回頭「告訴」肌肉和骨骼記下這種力量和感覺，可說隨時在學習怎麼「動」，同時也建立幾種重要經驗，包含：

- **肌肉張力**：簡單說就是肌肉適當的「彈性」。充分適當的肌肉張力，讓肌肉在完全放鬆下仍對刺激有反應能力，讓寶寶面對環境可以「趨吉避凶」，依序發展出適當的「粗大」與「精細」動作，像是坐起來、爬、還有走路、跑步或靈活地用手拿筆寫字等，好比台灣俗語常說的「七坐、八爬、九發牙」。

肌肉張力與中樞神經發展有關，適當環境和運動刺激能滋養寶寶產生正常肌肉張力，並適時放鬆，像給予寶寶安全自由翻滾爬行的環境、常跟爸媽一起做瑜伽等都有助於發展。但有時也受先天、後天或神經病理現象的影響，有些嬰幼兒會有肌肉張力不正常現象，出現張力過高、過低或時高時低的混合症狀，比如肌肉張力太高的寶寶動作僵硬，看起來像小機器人；肌肉張力太低的寶寶看起來軟趴趴的，像生病沒力氣。

・**身體意識感**：寶寶並非出生就知道自己有哪些身體部位，也不完全知道這些部位的確切位置，必須藉由各種感官，包括視、聽、嗅、味、觸覺和身體活動，與身邊環境的人、事、物互動，才會慢慢認識自己重要的身體部位，這種覺察過程就是身體意識感的建立。

・**空間意識感**：寶寶連自己的身體部位都不認識，當然更無法一出生就知道自己在空間中的相對位置，同樣需透過各種感官探索空間中的一切，才能覺察自己的所在位置。這個過程就是空間意識感的建立。

・**協調性**：能順暢地完成一個計畫中的動作能力。這當然也不是寶寶與生俱來的能力。寶寶剛出生時有很多動作都依賴反射，少數可以自主控制的動作也往往顯得笨拙，也就是缺乏協調性。但如果常和寶寶互動，寶寶就會因嘗試錯誤的結果慢慢掌握訣竅。

一開始先發展「單側協調性」，也就是寶寶只能用單側的手或腳來完成某些動作，像是拍動音樂旋轉器、伸手向前等，彷彿沒意識到還有另一側的手或腳可以應用。慢慢的，親子互動豐富且順利的話，就能發展出「雙側協調性」，寶寶開始會用相對應的雙手或雙腳同時完成一項動作任務，像握奶瓶、抱球玩等。至於「跨側協調性」通常最慢出現，這是能讓對角的手腳一起完成動作任務的能力，牽涉到複雜的左右半腦中間胼胝體的運用，非常重要，因爲不管爬行或走路、跑步，甚至是日後的書寫與閱讀都需要用上。

實作

爸媽一起來，滋養寶寶生理與動作發展

以上藉由學習怎麼「動」的過程建立起的重要經驗值，只能在人初千日階段透過日常生活與環境中的人事物進行肢體互動獲得，一旦錯過就需要專業醫療介入，而且恐怕事倍功半。接下來簡單介紹幾種實用有趣的人初千日STEAM教育內容，滋養人初千日生理動作發展。

人初千日胎兒期

NBF人初千日食育：彩虹飲食日誌與五行飲食

飲食絕對是影響生理動作發展的要素，NBF聯盟非常重視從人初千日初期就建立食育意識，但也尊重每個家庭都有長遠的飲食歷史，來自原生家庭或其他原因的飲食習慣不易因懷孕就立即改變，因此建議以彩虹飲食日誌法：以星期為單位，每天用色系記錄自己的飲食內容，至少每週固定檢視一次自己是否均衡攝取了紅、橘、黃、綠、藍紫色食物，再搭配傳統五行飲食觀念，可以增加黑、白色食物欄位。當你發現自己當週的飲食缺乏特定色系食物時，就在週末或接下來的一週飲食中補足。

這方法不但簡單易行，也會提高自己究竟吃進哪些食物的意識，同時增加在家烹煮的機會，不但孕媽咪與胎兒健康了，配偶與其他家人也跟著健康，在接下來寶寶飲食選擇的溝通上也比較容易產生共識。

因爲彩虹飲食日誌法在前作《人初千日寶寶副食品書》中已有詳盡介紹，在此就以相近的「五行飲食」觀點，來讓人初千日家庭認識彩虹飲食日誌的內涵。

- 「木系（青）飲食」：相當於綠色系食物。綠色食物富含抗氧化劑、鐵元素、維生素B、葉綠素和葉酸，有助肝臟造血功能，讓細胞再生，也就是中醫「青入肝」的概念；適合涼拌、清炒或當成肉類海鮮配菜，甚至近年風行的綠拿鐵，人初千日家庭應天天食用。
- 「火系（赤）飲食」：相當於紅色系食物。紅色來自食物中豐富的茄紅素，也有抗氧化作用，不僅防癌也對心臟好，中醫以「赤入心」來描述。蔬食中常見

五行飲食

的有番茄、草莓；葷食部分則往往富含鐵質，如牛肉、豬肝等，對孕媽咪和胎兒好處多多，飲食變化也容易，建議經常食用。

・**「土系（黃）飲食」**：相當於橘黃色系食物，富含葉黃素、玉米黃素等，而且很多都有豐富澱粉質，不但容易有飽足感，也能使骨骼強健，中醫以「黃入脾」來描述。常見食材有黃椒、玉米、蛋黃，都富含高營養價值且容易取得。

・**「金系（白）飲食」**：在彩虹飲食中占比不高，卻同樣重要，如果用五行飲食中的「辛」味了解就容易許多，中醫又有「白入肺」的說法。像大蒜、洋蔥等辛香料與食材含有防癌的類黃酮素，孕媽咪此時敏感的嗅覺與味覺或許不見得喜歡，但可適量加入飲食中增添風味。

・**「水系（黑）飲食」**：相當於彩虹飲食中的藍紫色系飲食，自古被視為營養豐富的滋補飲食，如黑芝麻，黑米。水系飲食的顏色來自花青素和其他植化素，有良好抗氧化作用，含量特別豐富時會呈現黑色，中醫以「黑入腎」來描述。

依照以上基本原則攝食，相信人初千日家庭在生理動作發展上會「贏在起跑點」。

CBM孕期產期按摩：讓哺乳之路更順暢

孕婦情緒會影響孕期營養吸收與胎兒健康，從人初千日初期就建立好好按摩的意識與習慣，也是CBM孕產按摩聯盟一直以來努力實踐與推廣的理念。

接下來介紹一種實用的CBM孕產按摩，不但有益孕媽咪，對接下來的哺乳期也很有幫助。母乳是目前公認人初千日最棒的超級食物，如果能順利哺餵母乳，會爲寶寶的生理動作發展帶來正面影響。

在孕期因爲乳房血流量增大、組織增加，以及各種荷爾蒙影響，和乳腺開始分泌乳汁的關係，乳房也會跟著增大許多，大約增加一千四百到一千八百公克。這樣的重量會對把乳房連結到胸腔壁的重要組織「乳房懸韌帶」造成不少壓力，這些像橡皮筋一樣的組織可能因此失去彈性，在產後因地心引力而造成比產前下垂的外觀改變，更可能影響很多女性的自信心。如果能在孕前和孕期持續按摩，可以增加乳房懸韌帶和乳腺管的彈性，讓體態更容易恢復，哺乳更順暢。

不過要認知到一點，乳房按摩雖然對孕產期、甚至女性的一生都無比重要，但並不以「增加乳汁量」爲目標，哺乳的順利與否也牽涉衆多因素，乳房按摩僅是其中一環，還是建議孕產婦可以諮詢官方或是非官方的泌乳諮詢顧問單位，獲得更多支持。

① 以乳暈為中心，使用雙手以直線往外圍輕柔按摩，可以按摩到腋下，幫助淋巴暢通。

② 環繞著乳房，從外緣以指腹用螺旋狀按摩方式，漸漸往中心按摩到乳暈。因為乳房並非肌肉組織，按摩時務必輕緩，「肌肉式」按摩並不適用於乳房。

③ 乳頭和乳暈部分敏感而脆弱，為了能順利在產後接受寶寶強大口腔的吸吮力，孕媽咪可以在孕期就使用可食用、冷壓、不添加香味的植物油，輕柔按摩保養乳暈，並使用手指指腹將整個乳暈往外輕柔伸展，增加彈性。但最好在相對穩定的第二孕期、大約十四到二十八週做準備，避免太過刺激造成子宮收縮。

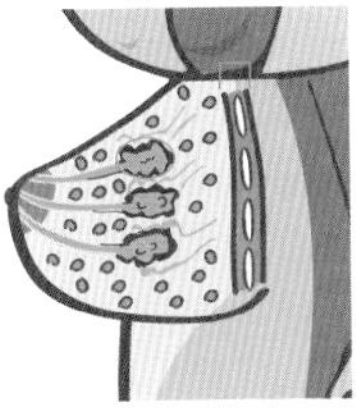

DS動能知覺瑜伽：精心設計「動」經驗，滋養生理動作能力

「好好運動可以促進食欲」不需科學證明就能為一般人所理解，對於看似整天動個不停的寶寶，其實也需要經過特別設計的運動方式，來促進生理動作發展。DS動知瑜伽就是完全以人初千日寶寶需求為出發所設計、符合瑜伽原理的寶寶運動。這些瑜伽式「動」的經驗，會滋養寶寶發展出前面提到的肌肉張力、身體意識感、空間意識感、協調性等重要生理動作能力。

當寶寶身體做各種DS動作式時，相對應的肌膚、骨骼與肌肉神經就會傳遞數以億計的電脈衝，到達大腦管理感覺動作的頂葉皮質區，對於寶寶建立更多生理動作能力非常有幫助。

① **雙手交叉式**：若爸媽在做孕期瑜伽時就已習慣這個DS動作式，現在該是應用在寶寶身上的時候了。握住寶寶雙手前手臂靠近手腕的位置，將雙手在胸前交叉數次之後，往外輕輕晃動並伸展，可以邊唱兒歌邊進行。雙手交叉式能促進寶寶雙側協調性，並保持肩膀球窩關節的彈性。唱首兒歌，兒歌結束後放開寶寶四肢，任由手腳自然彈開，讓寶寶感受放鬆與用力之間的變化，練習自主放鬆與肌肉張力。

雙手交叉式

② **手腳交叉式**：同樣的，已在孕期做過這個DS瑜伽動作式的爸媽，現在可以應用在寶寶身上。握住寶寶對角的前手臂和小腿，靠近手腕與腳踝的位置，在胸前交叉數次之後，往外輕輕晃動並伸展，也可邊唱兒歌邊進行。手腳交叉動作式能促進寶寶跨側協調性，活化大腦胼胝體。

③ **雙腳交叉式**：握住寶寶小腿靠近腳踝的位置，將雙腳在肚子前交叉數次之後，輕輕晃動並伸展，可以邊唱兒歌進行。雙腳交叉式能促進寶寶雙側協調性，保持髖關節彈性，並促進消化排泄功能。

④ **扭轉翻身準備式**：握住寶寶一邊的小腿靠近腳踝處，把這隻腳跨到另外一隻腳旁邊的地面上，腳底踩平。同時觀察寶寶的上半身，看接近學習翻身月齡的寶寶是否有想翻身的反應，如果有，稍微協助他肩膀用力，往往可以讓寶寶意識到翻身是怎麼一回事；如果沒有，僅當成是趣味遊戲也很好。

⑤ **子宮式**：握住寶寶兩邊小腿靠近腳踝處，屈膝往上到腹部位置，再把寶寶的雙手抱握在膝蓋上，和寶寶唱首兒歌，兒歌結束後放開寶寶四肢，任由手腳自然彈開，讓寶寶感受放鬆與用力之間的變化，練習自主放鬆與肌肉張力。

IAF寶寶親水游泳：親水又敬水

在水世界抱寶寶，就像在水世界進行其他的走路、跳舞等動作一樣，經驗值也會和陸地上有差異，因爲此時的介質是非常特殊的水。在陸地上抱寶寶進行各種活動時，我們一向強調「三點不漏」安全原則，也就是成人至少要確保三個穩定的支持點，這樣一來寶寶既能夠感受到安全、也有充分的活動自由與靈活度；而在水中，有很多支持點可以由水的浮力與阻力取代，讓寶寶有更多活動的自由與靈活度。不過也因爲在水中仍有些潛在風險，IAF一向強調要培養人初千日家庭既親水又敬水的態度，當爸媽放鬆並掌握有技巧的水中抱姿支持寶寶，寶寶在親水時的肢體動作發展就可以獲得豐富滋養。

示範者：林言臻（母）；陳奎均（子）

① **搖籃抱姿**：讓寶寶頭部枕著一隻手的手肘凹處，同時這隻手握住寶寶大腿，另一隻手托著寶寶臀部。如果是親子一起入水，可以把寶寶靠著成人身體，保持「三點不漏」的支持，把臀部那隻手空出來，扶著堅固的物體入水。如果只有寶寶入水，用先前提到的「蜻蜓點水式」讓寶寶入水溫和地浮動；更有信心時，爸媽才放開托著臀部的手，以水的浮力支持寶寶，寶寶也感受到水的浮力。經過一段時間後，親子對彼此會更有信心也更信任，爸媽甚至可僅用單手托住寶寶頭頸，助其自在地飄浮與前進。

② **安全抱姿**：寶寶面朝前方，爸媽一隻手穿過寶寶一邊腋下，跨過寶寶胸前支持另一邊腋下，另一隻手則托住寶寶臀部。親子一起下水時，可先把寶寶臀部靠在成人腰際，空出原來托住臀部的那隻手扶持堅固物體下水，保持安全。若只有寶寶入水，也可用「蜻蜓點水式」，入水後就把支持臀部的手慢慢放開，讓寶寶可以感受彷彿在水中游泳前進的感覺。同時可以言語鼓勵寶寶滑水與踢水，不管此時寶寶是否聽懂，都是一種很好的親子互動與肢體動作遊戲。

③ **前方抱姿**：成人雙手支持寶寶兩邊腋下，由於這個抱姿並無法達到「三點不漏」的支持，如果是親子一起下水，建議成人先進入水中站穩或坐穩，再由另外一位成人把寶寶交給水中的成人，一樣採用蜻蜓點水式入水；如果只有寶寶入水，則可直接使用蜻蜓點水的方式入水。入水先進行溫和地漂浮，等到雙方都夠放鬆了，成人把虎口打開，雙手只做最少的方向性施力，改由水的浮力來代勞支持寶寶。

前方抱姿

安全抱姿

CBM寶寶撫觸按摩：「小心肝」按摩法

寶寶按摩能帶來豐富的身體意識感，除此之外，爲手指、腳趾這些部位按摩，身體末梢神經會獲得更多輸入，有助於寶寶發展精細動作，尤其進入學步兒階段粗大動作的發展已有一定成熟度，接下來就要重點發展精細動作了。這時CBM寶寶按摩中時常應用的「小心肝」按摩就非常有幫助。

「小心肝」按摩以經絡學爲基礎，因此，在進一步認識之前，我們要來先認識小朋友身上獨有的經絡。若**依寶寶大拇指到小指的順序來看，每一根手指代表的分別是脾、肝、心、肺、腎**，但經絡學的臟器名**稱從來都不是單指一種臟器，而是整個系統**，這些系統分別有以下特色：「小兒肺常虛、脾常虛、腎常不足；心常有餘、肝常有餘」。

- 「**肺**」指身體的衛外功能系統，像皮膚是抵禦外來病毒細菌的第一線功臣；「小兒肺常虛」指嬰幼兒抵抗力弱，較易傷風感冒，受到「外邪（細菌病毒）」侵犯。
- 「**脾**」和消化、吸收、排泄系統有關，小兒需吸收後天水穀精微之氣充養，但消化吸收能力又不成熟，反映在現代醫學觀念上，就是嬰幼兒尚未具備成熟的營養素消化酶，在飲食上如果不妥善照顧，吃了不當食物就容易有消化不良、腹瀉、便祕等毛病。

·「腎」指生殖功能系統，在小兒特別指成長發育。由於小兒青春期前跟生殖有關的功能皆在蘊藏階段，仍需適當涵養才可發育健全，爲青春期奠定基礎。

·「心」常有餘，指嬰幼兒情緒起伏變化大，喜怒無常，且喜則喜極、怒則怒極，此種特徵也與現代醫學對大腦情緒能力的研究相符：嬰幼兒邊緣系統可以感受完整的情緒，卻缺乏成熟的大腦功能規律這些強大感受，因此不易控制情緒。

·「肝」常有餘，則是說嬰幼兒新陳代謝快速，且通常脾氣急，不耐久候，一有需求，不論是生理或心理需求都亟需獲得滿足，否則就容易有強烈的情緒，和「心常有餘」相互連結；又因爲成長速

1.脾經
2.肝經
3.心經
4.肺經
5.腎經
6.內勞宮
7.內八卦
8.小天心
9.三關
10.天河水
11.六腑

度快，如果患病，病症通常變化快速，病程可能快速轉好或轉壞，因此勿因初期病症不明顯就掉以輕心。

依據「小兒肺常虛、脾常虛、腎常不足；心常有餘、肝常有餘」特質，若我們將食指和中指伸出，其他握拳，比出一個英文字母「V」的手勢，伸出來的兩指（食指和中指）就是小兒的肝經和心經，也就是「小心肝」名稱的由來，因爲心、肝常有餘，此兩指宜用「洩」法，像是離心、直按等方式按摩；相對的，握拳的三指：拇指（脾）、無名指（肺）、小指（腎）都是不足或常虛，因此宜用「補法」，像是向心、螺旋按等方式按摩。

小心肝按摩不但可以促進親子互動，也對寶寶的生理發展、動作發展很有幫助。

BSS寶寶音樂手語：促進口唇舌肌肉協調性

學步期孩子無論之前是否接觸過手語，多半開始牙牙學語了。口語語言的發展其實也大量牽涉到生理動作發展的狀況。因爲使用口、唇、舌這些部位肌肉發出人類口語語言中的各種精準聲音，非常需要精細動作的協調發展，寶寶「臭奶呆」的發音往往來自此時精細動作發展未臻成熟。

應用BSS音樂手語內涵與孩子互動，此時因爲寶寶手部和身體的肌肉骨骼相對協調性高，能釐清一些寶寶在口語上仍無法說得精確的字彙；再加上音樂配合手語可以提高孩子嘗試的動機，可試著請孩子挑戰較有難度的手語手勢，畢竟動作發展有一個特色是：「一個身體部位的動作發展成熟，常讓個體更能掌握身體的運作原則和技巧，進而促進其他部分的身體動作發展。」所以，讓寶寶接觸音樂手語不但有助認知語言發展也有助生理動作發展。不過仍要謹記，雖然手和身體肌肉的協調性發展得比口唇舌肌肉協調性來得早，但離眞正成熟仍有段距離，所以如果寶寶比出不精準的手語手勢，也不應求好心切而過度苛責。

以下介紹「BSS交通工具大冒險」主題中的幾個手語字彙，因爲學步期開始擁有少量自主行動能力，一種可以帶著他們到處走的交通工具，往往可以帶來高度的學習動機，更有機會克服手勢動作的困難度，激發潛能。BSS寶寶音樂手語影片，請掃QR Code觀賞：

①**飛機**：伸出慣用手的拇指、食指、和小指，因爲這個手勢對孩子來說有挑戰性，爸媽可以刻意示範用非慣用手來幫忙把手勢做出來，供孩子模仿。讓這隻手在天空翱翔，邊唱一首與飛機有關的兒歌。

②**公車**：伸出慣用手的食指與中指，微微彎曲，放在頭部旁邊，想像勾住公車的下車鈴（舊式公車）往下拉動幾下，可以帶孩子搭公車去旅行，和孩子一起閱讀和公車有關的繪本，也可以一起唱首與公車有關的兒歌。

③**火車**：伸出雙手的食指與中指，彼此垂直交疊在一起，非慣用手當鐵軌，慣用手在鐵軌上來回移動，人初千日家庭成員可以玩搭火車遊戲，也可以模仿火車汽笛聲，當然加入音樂的律動活動仍是最棒的選擇之一。

④**直升機**：非慣用手伸出拇指、食指與中指，慣用手五指併攏，把慣用手蓋在非慣用手的拇指上，搖曳晃動如直升機的螺旋槳般，可以事先找很多飛機與直升機照片，和孩子討論兩種交通工具相同與不同的地方，除了生理動作發展外，也能促進認知語言發展。

⑤**捷運**：這是個很特別的手語，可以使用慣用手直接比出捷運的英文「MRT」三個字母來，M：慣用手伸出食指、中指和無名指，然後彎曲往下靠在交握的拇指與小指上。R：慣用手伸出食

指、中指，彼此交疊。T：慣用手握拳後，把拇指從食指與中指中間的縫隙伸出來。每次搭捷運或互動中提到捷運時，爸媽就可以同時比出這三個字母，並向寶寶解釋這代表了MRT這幾個字母。當然，寶寶想必無法正確比出字母，但觀察也是學習的方式之一，有些寶寶會爲了表達，試著比出寶寶版本的MRT，像是手指沒有規則的開合，無論如何，只要爸媽正面回應，不但能讓寶寶累積正面的溝通經驗，手指開合的動作也是很好的生理動作練習。

從社會情緒發展與生理動作發展的討論中，不難看出人初千日對胎兒和寶寶的重要性，也不難看出人初千日覺醒中，讓全家人一起進行六大STEAM教育的重要性。接下來的章節要繼續討論另外四種人初千日胎兒與寶寶的關鍵發展：認知語言發展與大腦神經發展。

人初千日覺醒：一家人共譜全新生命篇章

跟其他夫妻比起來，老來得女的毓芳和冠魁表現得似乎更有彈性，衷心迎接重新展開人初千日家庭過程的驚奇與喜悅。

小魚兒出生後，可說集三千寵愛在一身，就連原本態度負面的婆婆和身體狀況欠佳的公公，表情都明顯地燦爛了起來，兩個哥哥更是搶著照顧妹妹，讓兩夫妻感到很欣慰。

一出生就診斷出罹有先天性巨結腸症的小魚兒，其實並不好照顧，還進行了好幾階段的手術，也讓這一家子忙上加忙。雖然毓芳和冠魁偶爾也會開玩笑說，婆婆當年說得對，他們真是自找麻煩，但顯然這個家已經再也不能沒有小魚兒的笑語了。雖然要照顧長輩，又要常帶小魚兒就醫真的很累，但兩個哥哥獲得的成長，也讓兩夫妻驚覺小魚兒帶給這個家庭的意外收穫。他們一家參加人初千日課程時，陣容永遠是最龐大的：爸爸、媽媽、兩個哥哥，甚至爺爺奶奶都常一同出席，讓老師常得尷尬地請其他家人在面積不大的教室外靜候，但他們仍甘之如飴，還幽默地給老師看他們的「陪課」排班表。

小魚兒帶來的不只有挑戰，更多的是這個家庭共同譜寫出全新的生命篇章。

CH 7

人初千日 關鍵發展8部曲

下篇：認知與語言發展、大腦與神經發展

人初千日真實故事：
沒當過媽媽卻遇上失去母親的孩子

碧群和俊彥結婚四年了，都是穩定上班族的他們覺得兩人世界很美好，不需有人打擾，生孩子一直不是人生選項，直到命運神奇地把小衍帶進他們的生命。

小衍是碧群姊姊的小孩，一場不幸的意外，碧群姊姊一家三口出遊發生車禍，姊夫當場亡故，姊姊在加護病房待了幾天後也不幸撒手，留下只有八個月大的小衍。

碧群和姊姊從小感情非常好，來自單親家庭的她們，一直都是彼此的依靠。姊姊不幸離世後，碧群的媽媽也傷心欲絕，走不出傷痛，無法獨力照顧小衍；姊夫是獨生子，姊夫的父母已年邁，長期旅居日本也無法協助照顧，所以碧群很自然地先暫代母職。

從沒當過媽媽的碧群過去雖也疼愛小衍，但成為主要照顧者又是另一回事。為了兼顧工作，碧群緊急找了日間保母，晚上再接小衍回家；碧群媽媽也暫先搬到碧群和俊彥家，一方面在晚上幫忙照顧小衍，一方面有碧群夫婦陪伴，或許能早日走出傷痛。碧群就在這樣手忙腳亂的狀況下，慢慢摸索照顧小衍的方式，學習起當新手媽媽。

漸漸的，碧群對小衍的感情越來越深，本來一點都不認為自己會真心喜歡小孩的她，心裡母性的種子似乎開始發芽。

她和俊彥開始討論收養小衍的可能性。俊彥一開始並不很支持，家裡突然多了個寶寶和岳母，讓他不是非常適應，但因為知道這是特殊的緊急狀況，一開始並沒有表達強烈意見；不過知道碧群有意收養小衍後，俊彥覺得需要更多準備，而他不認為他們已經準備好了……

認知與語言發展

很多爸媽常說現代小孩比過去的小孩聰明許多。身爲爸媽的我們都愛生養聰明孩子，但眞的知道所謂「聰明」是怎麼一回事嗎？寶寶到底是怎樣認識世界的？小腦袋瓜裡的世界究竟是什麼樣子？可以怎麼做，讓寶寶更聰明？就不得不認識一下寶寶的「認知發展」。

什麼是認知？就是了解寶寶從懵懂無知漸漸變成聰明有知過程的一種研究學問。寶寶在此過程中需要「符號」來內化、記憶、理解和表達這個變化的過程，這些「符號」就是語言，所以認知發展和語言發展往往被放在一起討論。

舉個簡單的認知發展例子，當成人的我們眼前看到一隻小狗，腦海中會出現很多和這隻小狗有關的「知識」，例如這隻毛茸茸的動物有個名字叫做「狗」，有四隻腳，叫聲是汪汪汪，屬於哺乳類動物等。但寶寶並非生來就知道所有知識，而是慢慢地、漸漸地學懂，這些「知覺和獲取」知識的過程就叫做寶寶「認知」的發展。

當然並非所有認知發展都發生在人初千日，但在這段時間爲人生定錨與建立地基絕對是最重要的，因爲此時的認知就像積木一樣，擁有恰當與豐富的積木，更高階段的學習才有可能發生。

為什麼身為爸媽要了解人初千日寶寶的認知發展呢？因為這些知識可以讓爸媽：

① **了解寶寶的學習方式**：嬰幼兒身體與大腦結構和大人不一樣。前面提過，他們並非「縮小版」大人，甚至不是「縮小版」兒童，學習方式完全不同。了解認知發展知識才能讓我們眞正了解這一點。

② **依照寶寶認知發展歷程，幫助他們學習**：大家都說三歲定終生，但倘若爸媽完全不知道三歲前的寶貝怎麼學，或只把他們當成縮小版的成人或兒童，恐怕很難依其獨特的認知發展歷程幫助他們學習。

③ **減低揠苗助長的作為**：古今中外爸媽在教養上多求好心切，特別是東方家長更有望子成龍、望女成鳳的觀念，只要聽到什麼東西能幫助學習，就忍不住想讓孩子也試試。但如果對人初千日嬰幼兒學習方式不甚了解，一味用成人角度強迫孩子學習，不但無效，還可能揠苗助長。

④ **不低估寶寶的理解能力**：人初千日寶寶的腦和身體結構雖和大人不一樣，但也不表示寶寶什麼都不懂。舉例來說，還不會用口語說話表達自己，不代表懵懂無知，當我們熟悉寶寶的認知發展歷程，才發現原來可以用寶寶手語更進一步認識寶寶的聰明世界，也才不會輕估他們的理解能力。

正如前面章節提到，歷史上並非一開始就知道或注意到人初千日階段，甚至是兒童階段的存在，對一般現代爸媽來說有點陌生又不太陌生的幾個觀念，其實也是到近代才慢慢產生，其中有兩個重要且影響認知發展研究的觀點就是「階段論」和「成熟論」。這是由十八世紀西方世界啓蒙時代的哲學家盧梭所提出，認爲孩子不只是一張白紙，而是與生俱來有一定的健康成長計畫和藍圖，階段和成熟正是他提出的重要觀點。

階段和成熟觀念的提出讓成人開始發現，原來嬰幼兒發展像「爬樓梯一樣」，是「一階一階」的「質」的變化，而不是像山坡一樣只是「量」的慢慢累積。換言之，還在前一個樓梯的嬰幼兒就是不能以下一個樓梯的方法教導，因爲他的發展還沒「成熟」，如果硬要教不合階段的東西只會揠苗助長。

自從盧梭提出這劃時代的觀點後，到了二十世紀嬰幼兒研究理論開始蓬勃發展，百家爭鳴，就像發現了學術界的新大陸，大家開始非常想了解這一群重要人口：「兒童」。我也相信當「人初千日覺醒」被喚醒後，又會點燈式地開啓一個學術界的新篇章，吸引更多跨領域優秀學者來研究過去被誤以爲只是縮小版兒童、只有生理需求的小小生命。

為什麼育兒前要先認識嬰幼兒理論？

在回答「為什麼」之前，我們先來認識一下「理論」的作用。一個有用的理論應具有以下三種作用：

① 描述：描述嬰幼兒現在的行為

例如：美美正處在皮亞傑所稱的感覺動作期，總喜歡把東西放在嘴裡嚐嚐看，用觸覺和味覺來認識世界。

② 解釋：解釋嬰幼兒為什麼會這樣做

例如：皮皮把貓咪說成狗狗，因為他目前面對四肢動物僅有「狗狗」的基模，所以當第一次看到也是四肢動物的貓咪時，也會同化成「狗狗」。

③ 預測：預測嬰幼兒將來的發展

例如：如果媽媽能經常給安安看貓咪的繪本，並讓安安擁有「貓咪」這個新符號來對照新的認知發現，安安就會慢慢學習調適，開始能分辨狗狗和貓咪的異同了。

父母若想像這樣觀察孩子並找到恰當的「教養」方法，幫助嬰幼兒有更好的認知發展，認識相關理論可說十分重要。

父母不能錯過的兩大認知發展理論

自盧梭的時代開始，特別到了二十世紀之後，因爲想更了解嬰幼兒是怎麼建立起他們的聰明世界，許多學者發展出很多「理論」來解釋嬰幼兒的認知發展世界。相關理論學說進入百家爭鳴時代，到底誰才是「認知發展」的王道？以下介紹兩位發展出歷史上知名認知理論的代表人物：

認知方法論始祖皮亞傑

首先，父母絕不能錯過的是皮亞傑的認知發展論。他認爲小寶寶從出生到長大，在每個不同階段都是用不同的方法來認識這個世界並學習知識，並把人類知覺和獲取知識階段分成：

① 0到2歲的感覺動作期：

這階段嬰幼兒必須透過視、聽、嗅、味、觸感官，對物體進行操作才能思考學習。舉例來說，他們得吃到蘋果才認知是酸是甜，摸到石頭才認知表面滑順或是粗糙，聽到狗叫才認知聲音是「汪汪汪」。若你給這年齡的孩子一樣東西，好比一只手錶，他們因為不認識會好奇想了解。為了認識它，可能會「噹噹看」「摸摸看」或「丟丟看」，才不在意手錶名不名貴；總發明各種方法來解決遭遇到的感覺動作難題，找玩具、丟東西、玩弄物品發出聲音等。

② 2到7歲的前運思期：

這階段的孩子已開始進入幼兒園和小學低年級，開始會用「符號」來代表他們感覺動作上的發現，簡單說，就是他們不但知道「三顆糖果」代表什麼意思，還能用「3」這個符號來代表三個糖果。此時的語言能力更是強大的符號，所以會產生很多語言和扮演遊戲，但思考還是缺乏邏輯性。典型例子是，如果爸媽把同一杯果汁倒在細長杯子裡和倒在矮胖杯子裡，皮亞傑認為，這階段的孩子都會以為細長杯子裡面的果汁比較高就是比較多，弄不清楚其實都是從同一杯果汁倒過來的。

③ 7到11歲的具體運思期：

這階段的孩子已經進入小學，推理能力開始變得比較有邏輯性。學齡期兒童開始了解到，檸檬汁或黏土這樣的東西即使換了容器和外型，量還是維持不變；會分類物品，但還是缺乏成人的抽象性思考。最典型的例子是以下「邏輯急轉彎」遊戲：

先假設前提：「玻璃杯是會被羽毛打破的。」

再向兒童提出問題：「如果你拿一根羽毛去敲玻璃，玻璃會不會破？」

根據皮亞傑認知發展論，這階段的兒童沒辦法思考這種「抽象」的假設性問題，在他們的眞實世界裡羽毛就是不可能敲破玻璃。所以不管老師再怎樣強調「前提」是「玻璃杯會被羽毛打破」，這階段兒童還是很難認爲這一題的「正確答案」是「玻璃會破」。這一點也能用來反省現在的教育，在小學階段讓孩子學習許多沒有眞實情境的「選擇題」或「是非題」，對他們是很沒幫助的。

④ 11歲以上的形式運思期：

這階段的大小孩才有抽象思考能力，所以能運用不屬於眞實世界中的符號來進行推理工作，像數學運算、公式套用、科學問題思考，還有前一個階段舉的「邏輯急轉彎」例子，這些接近成人階段的大兒童就可以理解。

學習方法研究始祖布魯納

皮亞傑的理論讓人們開始了解，不同年齡的孩子認識世界、學習知識的方法是完全不同的，也奠定了我們理解孩子認知世界的基礎。不過後來有些學者還是認爲皮亞傑的理論太低估「教育」的角色，如果孩子到一定年齡層自然就有一定的發展，這樣似乎就看不出教育的作用到底在哪兒了；更何況我們也發現，孩子是可以透過「練習」來超越原來階段的發展，像是小學兒童多練習幾次就能做到稍微抽象的思考。

所以接著皮亞傑之後，有一個研究孩子認知發展的專家學者「布魯納」提出了「認知表徵論」。和皮亞傑一樣，他認為孩子的認知發展是有階段性的：

①**0到3歲孩子屬於動作表徵**：指三歲以下幼兒得靠動作來認識周圍世界，也就是靠動作來獲得知識，即「由做中學」的經驗，你要孩子學習，就是要讓他嘗試。

②**下一個階段是形象表徵（相當於皮亞傑的前運思期）**：指兒童經由對物體知覺留在記憶中的「心像」或靠照片圖形等就可獲得知識，即「由觀察中學」的經驗。有時即使孩子沒有真的動手做，也有機會藉「觀察」學習。

③**最後一個階段是符號表徵（或也有人用「象徵表徵」）**：指運用符號、語言、文字為依據的求知方式，即「由思考中學」的經驗。也相當於皮亞傑的形式運思期。

但布魯納和皮亞傑最大的不同在於他認為這個階段是「變動」的。也就是說，就算是成人，有時也得回到跟嬰幼兒一樣的學習方式。舉學做菜為例，如果你是一個從沒做過菜的人，突然要你學做一道烤白菜，你可能一定得依賴「從做中學」的方法學會它；但如果你是一位有做菜經驗、只是剛好沒有嘗試過這道菜色的人，可能可以單純從「觀察別人示範」就能學會；

如果你本身就是個專業大廚師，那麼或許只要看看食譜說明就能做出非常好吃的烤白菜了。

認知發展理論表面上離我們很遠，卻能啓發我們「教養」人初千日寶寶的方法，知道他們的學習方式，進而滋養引導他們學習，甚至了解到人初千日整體家庭的學習方式，無論是皮亞傑的基模、調適、同化，或布魯納的「從做中學」「從觀察中學」「從思考中學」，都饒富意義。

語言與溝通發展

相對於認知發展對不同階段具有不同意義，語言發展在人初千日則處於最關鍵的敏感期，在此階段要是錯過了學習機會，未來再怎麼努力都不可能挽回，或是學習效果會非常低落。歷史上曾發現一些由狼或其他動物撫養長大的人類孩子，因爲錯過了語言學習關鍵期才接觸到人類口語語言，即使後來進入人類社會，仍難以學會口語語言的眞實事件，讓我們了解語言的習得是有強烈敏感期的。

語言基本的目的是溝通，溝通是一個很複雜的概念和過程，在這本書中，至少就討論了人初千日階段親代彼此間的溝通、親代和子代的溝通、親代和內心孩子自己的溝通、親代和上一代的溝通、讀懂子代的溝通、親代和其他當代教養威權的溝通等，每種溝通都必須依賴適當的語言。

以研究黑猩猩聞名的科學家珍古德博士，在二〇〇三年一場TED演講主題是探討我們人類不同於猿猴的地方，她直接地點出這個不同就是人類複雜的「口語語言」，因爲這個系統，人類才有能力傳達、溝通，並記錄下不存在此時此地的人、事、物，跨越歷史與地理鴻溝，做出有智慧的決定與舉動。否則從她多年來深入非洲叢林和黑猩猩相處的經驗中，像是黑猩猩社群的社會能力、使用工具的能力、甚至是幽默感這種過去大家以爲專屬於人類的能力上看來，她認爲其實並沒有一條很清楚的界線，可以把我們人類和其他動物，尤其像黑猩猩這種靈長類動物做很清楚的分野。雖然她演講目的是想表達人類應該基於這些事實更尊重保護其他物種，但同時也點出了人類口語語言的特殊性。

是的，人類是地球上唯一具備「口語語言」的生物，但卻不是唯一具備「語言」的生物，因爲如果把語言的目的視爲溝通，幾乎所有群居生物都有語言，因爲他們或許不需要和歷史溝通、和未來溝通、和遠在天邊的其他物種溝通，卻都需要和共存在同一個社群的其他夥伴溝通，才能完成群居生活的生存任務。代表性的生物有珍古德博士一生研究的黑猩猩、悠遊大海的海豚、採集花蜜的蜜蜂等，都有獨自相互溝通的「語言」形式。

人類是唯一可以學會口語語言的生物

不過，若要符合語言學家對「語言」的定義，這些溝通的語言必須包含很多社會共同認定的規則，包含：①「字詞」的意義、②使用字詞的方法（詞性）、③字在句子中的順序、情境的使用如何影響意義，又稱爲語音、語義、語法、語用等。在這樣的標準下，只有人類使用的種種語言，包含「口語語言」和「姿勢語言（手語）」才符合這些語言學定義。而特別複雜的口語語言系統，又只有人類這種構造特殊，演化精緻的生物才能完全學會，所以，雖然人類並非唯一會使用類似語言的工具溝通的生物，但卻是唯一可以學會「口語語言」的生物。

人類這項特殊能力是一種天賦，包含：①人類的口、唇、舌與聲帶構造能發出相當複雜的聲音，②人類似乎天生就知道「命名」的過程，也就是知道每樣東西都應該有個「名字」，③人類能分辨字詞的不同「性質」，有些字詞是名稱（名詞），有些是表現狀態（動詞）等，並似乎可以舉一反三，歸納出很多語言規則。除此之外，因爲口語語言是用聲音作符號，人類寶寶也有些很特別的天賦，像：剛出生的新生兒就能分辨媽媽和其他人聲音的不同，並偏好媽媽的聲音；他們也能分辨「人聲」和人聲以外的聲音（機械、自然的聲音等）；寶寶更是天生的語言學家，能分辨世上所有人類話語的「音素」差異；新生兒也從小就能分辨自己母語和其他語言的差異，並偏好母語。

以上這些特別的天賦，讓人類成爲世上唯一具備這種複雜形式語言的生物，還發展出讀、寫的紀錄模式，據以傳承和傳遞文化。不過除了這些天賦之外，還需要環境的滋養。所謂環境的滋養，簡單說就是要讓人類寶寶從小就有機會多聽、多說、及多閱讀（即使還看不懂），換句話說，就是能讓孩子和身邊的人事物多互動、多溝通。

在這個浸潤的過程中，配合人類寶寶獨有的天賦，寶寶就自然能習得周遭語言當中很重要的一個東西，稱爲「音素」。音素是讓每個口語語言獨一無二的最小單位，大約十個月之前的寶寶是天生的語言學家，敏銳的耳朵與可塑性超高的腦，有能力分辨全世界所有語言的音素，或許這是造物者的禮物，要讓他們有機會習得任何身邊的語言。不過這能力到寶寶十個月大左右就會漸漸限縮，變成只能分辨身邊常聽到的語言音素。像是只聽日文的日本寶寶就慢慢無法分辨R和L音素的差別，因爲日文中的R和L發音並無不同；而日常生活中充滿英文的美國寶寶，則會對這兩個音素的分辨力越來越敏銳，因爲這兩個發音是英語當中的重要元素。相信這同樣是造物者希望寶寶此時更專注習得身邊「有用語言」的巧妙設計。

語言滋養只有與真人互動才有意義

這樣的說明，或許會讓新手爸媽更焦慮地想讓寶寶盡量在出生十個月前就大量接觸各國語言，觀看或聆聽各種語言節目或素材，以滋養保持這種難能可貴的語言天賦，但根據美國華盛頓大學學者派翠西亞．庫爾（Patricia Kuhl）的研究，這樣的**語言滋養只有與真人互動才有意義，使用機器的方式互動是沒用的**。因此，除非寶寶很幸運地天生生活在一個多語環境中，每天接觸的親友都可以分別使用不同語言和他互動，否則不如回歸到人初千日四大智能中的「生理智能」，以各種滋養語言發展的方式，像繪本共讀來深化寶寶常接觸的特定語言的滋養。

在寶寶語言發展主題上，新手爸媽常混淆的兩個觀念是語言的「習得」（acquisition）和語言的「學習」（learning）。所謂「習得」，是指寶寶在日常和身邊的人互動中，因爲豐富的語言浸潤，沒經過正式的字彙練習、文法規則等學習法，就自然而然舉一反三並歸納出語言的使用方式，而建立起來的母語能力（這裡的母語指身邊的人每天使用的語言）。相對的，所謂的「學習」是指學習者以有結構性的方式去學特定語言的字彙、文法、語用等語言規則，而獲得該語言的使用能力，一般都是指母語以外的語言學習。

在擁有豐富環境滋養的條件之下，人類有可能習得多種母語，也有可能學習多個第二語言，不過，在探討寶寶人初千日關鍵的語言發展時多半是以「母語習得」爲主。因爲母語習得有非常敏感的關鍵期，過了人初千日這段時期，人類的大腦似乎就關上一扇機會之窗，之後幾乎無法再習得這麼複雜的口語語言系統。寶寶若無法在此階段順利習得基本的母語能力，就需要語言治療師即時介入。

不過，第二語言的學習並不完全適用以上法則，而且在不同的時期進行會有不同的好處與優勢。通常，如果能在越小的年齡學習第二語言，好處與優勢是能以幾乎等於母語習得的方式來學習新語言。通常這時的孩子只用一組認知概念，卻能同時發展兩種語言符號，像是看到一個人哭，認知到對方的情緒，立刻編碼出兩組以上的語言符號：「她在哭」（中文）、「伊底靠」（台語）或是「She's crying」（英語），這種幾乎是「多母語」的能力是運用左右雙腦來學習的。

能像這樣獲得雙（或是多）母語能力的孩子，口語流利程度往往最高，不過需要搭配環境，通常是照顧者剛好各自擁有不同母語，寶寶也經常有機會持續聽到他們以不同的母語互動。要想這樣學會兩種以上的口語語言可說是完全沒有困難，這是人類嬰兒的天分，他們是天生的語言學家。

有助於語言發展的環境條件

台灣的語言環境雖離歐洲的多語環境仍有些微差異，但語種也非常豐富。很多寶寶幾乎天天都可以同時聽到中文、台語，甚至客語、原住民語、東南亞語系。

如果在孩子上學前，爸媽會用特定母語溝通，上學時已經很熟練自己家庭母語的聽說系統，而正式學校學習是以另外一種語言（中文）進行，這時孩子往往就會用兩種語言來編碼兩組認知概念。比方說，孩子在學校學到的概念會套用「中文」符號，家裡從小學到的認知概念則套用母語符號。有些符號彼此可以找到「對應用語」（equivalent），但有些找不到，像是很多人會找不到某些詞的台語說法，目前多數台灣家庭的語言學習環境比較接近這一類。

如果是長大（青少年期）後才接觸另一種語言，接受過國民義務教育的我們一定都記得學習的難度有多高。人在一開始學習第二種語言時，其實都是透過類似「翻譯」的過程，先在認知中把這個概念的母語想一次，再翻譯成第二種語言，最後才說出來。在這種情況下學習第二種語言，使用的大腦部位和習得母語時使用的部位完全不同，會很依賴「文法」「語法」「語義」等規則來學習。但幸好優點是我們此時對這些抽象規則的認知能力比較好了，情緒相對成熟度比較高的我們，對語言的情緒感受也沒那麼波濤洶湧，會有比較理性應用語言的經驗值，這就完全是語言的「學習」，不像「習得」母語時一切都是自然而然發生。語言學習很需要大腦的努力，即使是這樣的學習方式，仍有助於大腦的活化。

但不管是母語的習得或語言的學習，需要環境的滋養條件是不變的，以下這些做法都有助於語言發展：

首先，確認寶寶的聽力是否正常。口語語言以聲音作爲符號，必須進行各種聽力篩檢並留意寶寶對聲音的反應；**再來是豐富的親子互動。**說話不完全等於語言，語言是一種多感官的溝通，在溝通時寶寶處理的線索不單只有「聲音」，還有更多複雜因素，所以包含各種感官的親子互動更能增強寶寶溝通的能力。有個很簡單的日常可行做法，就是養成習慣，隨時和寶寶描述生活中的一切人事物。不要誤以爲寶寶「聽不懂」就不說，寶寶天生的語言能力驚人，也很容易得到制約效果，只要爸媽經常這麼做並肯定寶寶理解的線索，寶寶很快就會理解爸媽的描述。請記住任何表達必須從理解先開始，而且語言的豐富浸潤對習得和學習都無疑是很重要的因素。

在和寶寶對話時可以使用「親式語」技巧，包含使用高頻的語調、一問一答的模式、重複語句等，但不使用「寶寶語」，也就是簡化式的語言來說話。

多應用繪本共讀來延伸寶寶對語句的多元使用。繪本中常有很多敘述句，如：「溫暖的春天輕巧的到來了，剛破蛹而出的美麗蝴蝶……」，這些語句可以延伸寶寶的語句類型經驗，他們平常大多聽到單純的「祈使句」或「疑問句」共讀同時可促進親密感與依附感，對語言發展非常有幫助。

家有多語條件的寶寶，可以相對固定地由特定的人來使用特定語言和寶寶溝通；家中若沒有多語環境則可利用社區資源增加寶寶的語言環境，如：社區圖書館故事時間，鼓勵寶寶說話，讓寶寶參與需要對話的遊戲，都是非常實際可以滋養寶寶語言發展的做法。

僅需粗大動作就能用手語溝通

不過，口語語言並非人類使用的唯一語言，還有另一種是以「姿勢」當符號來代表「認知」的手語語言。

手語和其他用來溝通的形式一樣，一開始的產生是源自於本能，當人群居時本來就會使用自然的姿勢來表達或輔助表達周遭的人、事、物，這種表達就是廣義的自然手語。然而，有一群人更依賴這種以姿勢作符號的溝通方式，就是聾人社群，因爲無法仰賴聲音符號，他們需要的姿勢符號必須具備語言學家定義的語言特質，經過一定標準化的語音（姿勢）、語義、語法和語用，在溝通上才會更精準。

早期因聾人社群相對聽人社群較爲弱勢，覺醒度也不足，一直要到十七世紀左右，由西班牙牧師胡安．帕布羅．波奈（Juan Pablo de Bonet）寫書發展出標準化字母手勢，並慢慢被應用在正式學校系統後，才出現手語作爲一種語言的雛形。伴隨歷史上開始出現專供聾人學習的聾人學校，手語語言發展更爲成熟。

到西元一七七一年，被後人譽爲「聾人之父」的法國神父里皮（Abbe Charles-Michel de l'Épée）用自己創設的一套手語系統，在巴黎聾人學校教授，被視爲「手語的發明者」，讓法式手語成爲西方手語的主要源頭。而後更因東西交流融入東方世界，啓發東方世界手語發展，才漸漸有語言學者把手語視為一種完整的語言來進行研究。

這種源自所有人類本能、後來主要應用於聾人社群的語言，在近代卻漸漸地為聽人社群所重視，甚至沿用來啓發聽人寶寶的語言發展與學習。主要是二十世紀有幾位語言學家陸續發現，聾人家庭中的寶寶如果是以母語習得的方式習得手語，比起聽人家庭寶寶以母語習得方式習得口語語言，語言發展程度的時間軸會快上許多。之前已經探討過這是因為此時寶寶的認知能力遠超過口語語言能力，習得手語的寶寶因為可以使用很多僅需粗大動作就能做到的手勢，擁有很多代表認知的姿勢符號來滿足溝通需求，所以相對比較溝通無礙。這樣的趨勢，讓很多聽人家庭開始用手語配合口語和還無法成熟使用口語語言的寶寶溝通，也發現能有效提高和寶寶溝通的效能，在前面提出的六大STEAM教育中，BSS寶寶音樂手語這一項就是以符合滋養寶寶語言發展的原理原則，以音樂作媒介、手語作工具來促進親子溝通的質與量，除了滋養寶寶的認知與語言發展之外，更同時滋養了寶寶社會與情緒、生理與動作，以及大腦與神經六個面向的發展。

然而不可諱言的是，由於口語語言仍是人類語言類型中最強勢的一種，仍有許多人對手語的存在因不了解而產生誤解，實屬可惜，亟需在人初千日覺醒運動當中以教育的方式達到正向溝通。

爸媽一起來，滋養寶寶認知與語言發展

六大STEAM教育可提供滋養寶寶認知與語言發展的具體可行策略。以下同樣以人初千日的不同階段舉例說明。

人初千日胎兒期

CBM孕期產期按摩：從孕期開始「為愛朗讀」與按摩

語言學者證實使用「親式語」和寶寶說話有助語言發展。寶寶耳朵似乎天生就對這樣的聲音有敏銳度，有點像唱歌的說話方式也較容易讓寶寶學習語言，特別是母語的習得，但並不是每個爸媽都知道這個事實或習慣用這種方式和寶寶說話。不過，若能在孕期就讓彼此習慣這個和寶寶「對話」的特別方式，不但能讓子宮裡的寶寶習慣爸媽聲音，等寶寶出生後，爸媽也會繼續自然地使用這種說話方式來滋養寶寶的語言發展。

建議爸媽可在孕期先培養一種「爲愛朗讀」的習慣，雙方約定每天或是每週固定找一小段時間，挑選一本爸媽雙方都愛的書籍，由爸爸朗讀給媽媽聽。不一定要是以兒童爲對象的繪本，可以是任何媽媽喜歡的讀物，光讓肚子裡的胎兒聽到爸爸抑揚頓挫的聲音，不但能促進親子關係，也讓胎兒能熟悉母語的旋律（所有語言都有獨特旋律）。

等彼此習慣這種爲愛朗讀儀式後，可以開始一起爲寶寶挑選一本專屬繪本，像著名繪本《猜猜我有多愛你》是一隻大兔子與小兔子互相比一比「誰比較愛誰」的故事，就是很適合的繪本。爸媽可以先分別扮演大兔子與小兔子，用聲音演出這個故事，一邊練習「親式語」說話方式，一邊商量故事中的每個情節可以轉化成什麼按摩動作。當一切準備就緒，請孕媽咪以側躺或趴坐姿，接受配偶的背部按摩。

這套按摩可使用CBM孕產按摩講師教授的技巧，但也可以在遵守安全原則前提下，應用創意智能，加入一些爲孕媽咪量身定做的手法。在整個孕期選擇少量繪本來重複閱讀，變化不同按摩方式不但能爲孕媽咪紓緩孕期甚至產期的不適，也能增加身心靈健康，爸爸也因此爲自己做了更多準備，同時練習接下來即將面對的甜蜜且艱辛的挑戰，寶寶的認知語言發展能力也在無形之中獲得豐富滋養。

① 把背部以脊椎與腰際線分成四個等分，依序按摩。

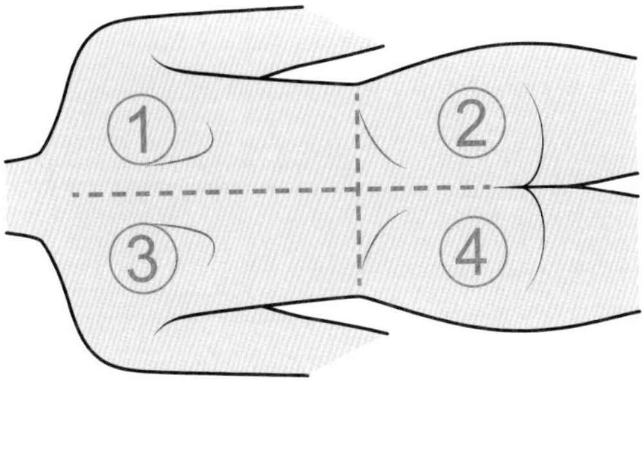

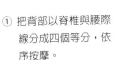

② 採取CBM孕產按摩的幾個基本手法，依序在這些部位按摩：

- **對向寧握法：**
  在背部選擇1、2、3、4任一個部位，在開始按摩時輕輕放上手掌，用觸覺給對方按摩範圍的訊息。

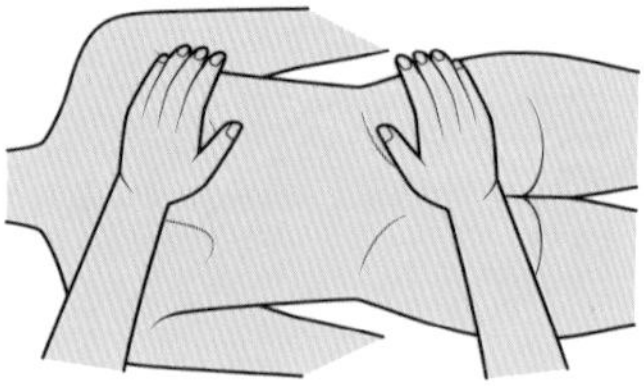

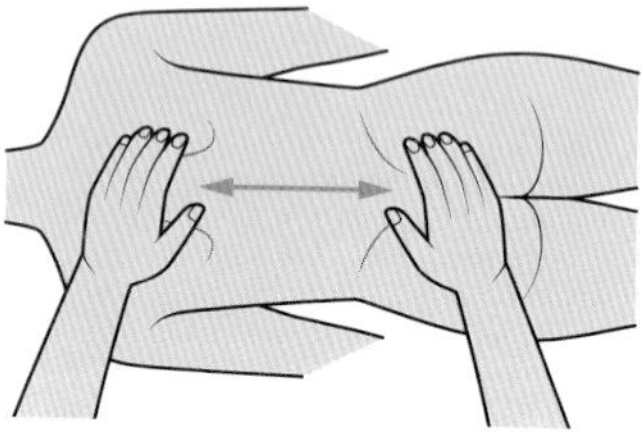

- **撫摩法：**
  在選定的按摩範圍內順著肌肉束方向，做比較大範圍的撫摩動作。

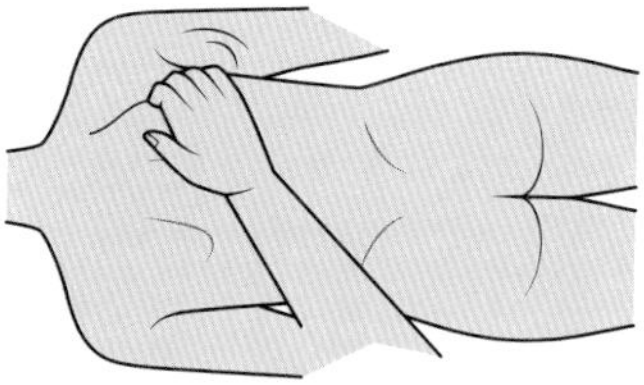

- **揉捏法：**
  溫和地把對方的皮膚拉提起來，稍微晃動。

- **穴點按壓法：**
  使用指腹溫和地按壓背部穴位。

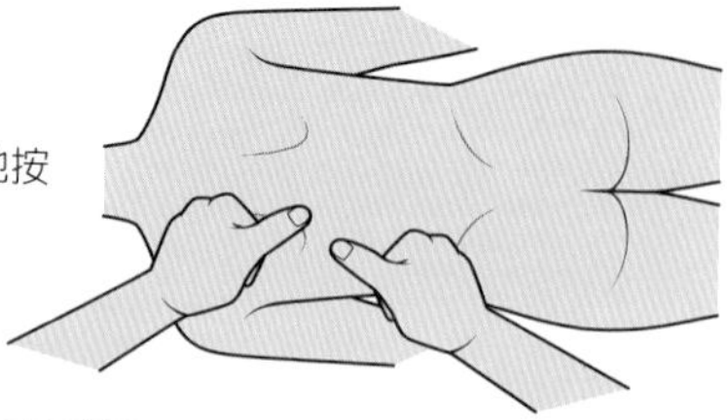

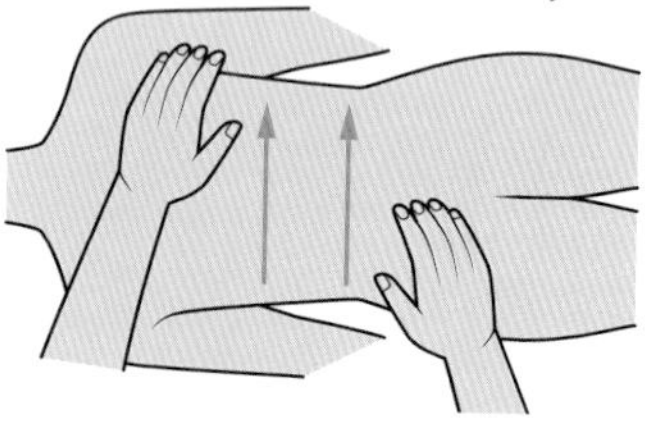

- **輕拂法：**
  在這個部位的按摩即將結束前，手掌用比「撫摩法」還要輕的方式拂過，告訴對方手即將離開身體。

③ 按摩時配合手法，加上繪本內容，彷彿用按摩在背上「畫」出故事情節般。
④ 邊按摩邊大聲閱讀故事情節。
⑤ 過程中不斷用對話來確認孕媽咪的感受，調整力道與位置。
⑥ 也請想像被按摩的對象不只是孕媽咪，還有肚子裡的寶貝。當故事描述到各種愛的測量時，用寶寶的語氣來朗讀故事，並以「親式語」的說話方式來回應。

CBM寶寶撫觸按摩：從觸覺本能發展認知語言能力

溝通不僅有聲音的形式，還包含其他多感官的互動，這才組成了人初千日認知語言發展的全貌。

在探討溝通時絕不能錯過的就是「觸覺」感官。觸覺是人類胎兒期最早發展的感官，在口語語言還不成熟時，人類認知學習就幾乎都是依賴和觸覺有關的各種感官來獲得，無論是皮亞傑的「感覺動作期」或布魯納強調的「從做中學」，都可看到觸覺在寶寶認知發展中所扮演的角色，認知發展與語言發展從來都是密不可分的。

CBM寶寶按摩就是從人類、甚至哺乳類的觸覺本能出發。一般人聽到「寶寶按摩」往往聯想到是寶寶出生之後才開始，但如果人初千日家庭能在孕期就練習CBM寶寶按摩的技巧、建立更多自信心，當寶寶真正來臨後，即使在稍嫌手忙腳亂、不穩定性也比較高的新生兒階段，也能更處之泰然地用按摩安撫寶寶狀態；同時，孕期的練習能幫助人初千日家庭養成一邊按摩、一邊跟寶寶描述自己正在做什麼事的好習慣，藉以滋養寶寶的認知語言發展。

以下練習不但對寶寶出生後的親職能力有幫助，若練習對象是配偶而不是娃娃，也能在孕期給對方額外的協助，一同感受按摩帶來的美好，更容易在寶寶出生後持續保有這個好習慣。

① 使用模型娃娃當作練習道具，或把配偶當成放大版的練習對象，先練習對新生兒來說比較容易接受的腿部按摩。

② **練習徵詢同意的技巧**：沾了按摩油的雙手彼此搓揉，讓對方聽到摩擦的聲音，使用「親式語」喊胎兒的小名，詢問：「○○，我可以幫你按摩了嗎？你準備好要按摩了嗎？」

③ 把雙手放在準備按摩的部位，一樣使用親式語詢問：「○○，這是你的右（左）腿喔，我要開始幫你按摩右（左）腿了。」

④ **印度擠奶法**：以離心方向由大腿往小腿移動，順著腿部肌肉束紋理分別按摩腿的內側（又稱陰側）和外側（陽側）。可以邊按摩邊唱首兒歌，以固定手法搭配兒歌不但可以練習放緩按摩速度，也可以制約寶寶、達到產生安全感的效果，甚至有助認知語言發展，畢竟音樂一向是公認最有助寶寶語言習得和學習的途徑。

⑤ **擁抱滑轉法**：雙手靠近並握住寶寶大腿根部（注意：練習對象是配偶時，因爲腿比較長，孕婦大腿內側也不適合按摩，可從小腿開始練習），以垂直腿部肌肉束左右滑轉的手法來按摩。以離心方向由大腿往小腿移動，邊按摩還可邊練習描述「這是從大腿開始到小腿的按摩」，或唱首兒歌。

⑥ **腳底滑按法**：使用大拇指按摩寶寶腳底，從腳跟往腳趾以及腳底兩側滑按。一樣可搭配兒歌，或練習和寶寶描述腳底不同反射區名稱。

⑦ **走路點按法**：以指腹點按並遍布寶寶腳底，可以在「湧泉穴」位置（腳板前三分之一中央凹陷處）稍做停留，一樣可搭配固定兒歌。

⑧ **腳心扣按法**：把寶寶的腳底想像成兩個圓球，大圓球在腳趾凹槽處與足弓之間，小圓球在足弓與腳跟間，使用拇指與食指分別扣住這兩個圓球，以食指往拇指的方向扣按，搭配兒歌進行。

⑨ **腳背滑按法**：在腳背上從腳指往腳踝以及往兩側方向滑按，搭配固定兒歌。

⑩ **腳趾滾動法**：分別以離心方向、螺旋方式按摩每根腳趾，可搭配兒歌，或唱以下腳趾謠：「這隻小豬愛唱歌，這隻小豬愛跳舞，這隻小豬在按摩，這隻小豬不想按，這隻小豬說，咦?!那我該怎麼辦？」

⑪ **腳踝旋按法**：使用指腹在腳踝上以螺旋方式按摩，一樣可搭配固定兒歌。

⑫ **瑞典擠奶法**：使用和印度擠奶法一模一樣的方式按摩，唯一差別是以向心方向從小腿往大腿按摩，並搭配另一首固定兒歌。

⑬ **滾動搓揉法**：用雙手包覆寶寶大腿，使用滾動搓揉方式，進行離心方向的按摩，可以一邊搭配兒歌甚至手語進行。

⑭ 當兩邊腿部都按摩完後，一邊以撫摸方式按向鄰近身體部位，一邊配合唸謠：「屁股屁股在哪裡？屁股屁股在這裡；大腿大腿在哪裡？大腿大腿在這裡……」依此類推，使用觸覺幫助寶寶認知學習，並且提供寶寶語言的聲音符號。

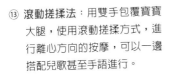

NBF人初千日食育：從日常飲食字彙發展認知語言

語言發展和認知發展密不可分，對抽象認知能力還很薄弱的人初千日寶寶而言，接觸日常生活相關的具體字彙對語言發展最有幫助，飲食相關字彙就屬於這一類。無論是應用口語或手語，我們都鼓勵多使用這類型字彙與主題來滋養寶寶認知語言發展，具體做法如下：

① **依月齡讓寶寶多嘗試各種食物，並在過程中以口語和手語甚至音樂形式讓寶寶認識食物名稱。**舉例：要給寶寶嘗試蘋果時，讓他們有機會用視覺看到蘋果的樣子，用嗅覺聞聞蘋果的香氣，用觸覺摸摸蘋果的觸感；食用時可刻意向寶寶描述跟蘋果有關的一切事實，增加認知和語言經驗，像是告訴寶寶：「這是紅色的蘋果，蘋果的味道甜甜的，氣味香香的，是種多汁的水果。」同時可用手比出蘋果的手語來（將慣用手的食指彎曲，放在臉頰上轉動），更可一邊改編兒歌，對寶寶唱：「如果你要蘋果，你就比蘋果。」不但增加嘗試的樂趣更能滋養認知語言發展。

② **鼓勵寶寶一起參與備餐。**家人事先把備餐環境設計成適合親子共處的安全區，像是準備能讓寶寶有清楚視野的高腳餐椅，可供寶寶安全操作的廚具，設計能將剩餘食材進行藝術創作的活動等。一

樣以蘋果爲例，如果要做蘋果泥給寶寶享用，可在情緒穩定時，讓寶寶安全地和成人坐在適合備餐的環境中，提供一個洗淨的蘋果，成人一邊以口語敘述，讓寶寶可以先自由地用手、口探索蘋果的特徵。成人處理蘋果時，切下的蒂頭不要丟，配合安全的可食用染劑，可讓寶寶練習藝術創作。當蘋果泥製作完讓寶寶直接享用，或沾食米餅享用時，成人可跟寶寶描述這個蘋果泥是由蘋果烹調而成的，並練習更多口語和手語字彙，像是「吃」「餅乾」「好吃」等。

③ 寶寶練習吃副食品的一個要點，就是配合乳齒發展與口、唇、舌精細動作發展，開始學咀嚼與吞嚥。這段過程練習得好也有助口語語言發音。同時，**這些和「吃」有關的動詞對寶寶來說是很具體的，可讓寶寶的早期詞彙從比較普遍的名詞延伸到動詞。**讓寶寶練習吃東西時，示範比較浮誇的口部動作，像是示範打開嘴巴並描述：「嘴巴張大。」示範咀嚼並描述：「認真咬。」示範吞嚥並敘述：「吞進去。」都是有用的滋養認知語言發展策略。

④ **親子共讀以食物為主題的繪本。**這是能同時促進人初千日食育和滋養認知語言發展不可或缺的策略。爸媽可藉機增加自己的繪本知識，了解坊間有哪些高品質的食物相關繪本故事，無論在備餐時或其他親子共讀時光閱讀，都是能延伸寶寶日常經驗值的正向互動。

⑤ **全家一起拜訪食物產地，作為家庭共同的儀式與回憶。**很多人常誤以為帶什麼都不懂的寶寶去旅遊是沒意義的，事實

不然。依賴感覺動作進行認知學習的人初千日寶寶，可從實際旅遊活動獲得很豐富的學習經驗，特別是和寶寶日常生活主題有關的旅行，例如帶寶寶去參訪果園，可讓寶寶看到橘子生長在樹上的樣子，連結橘子的味覺與嗅覺經驗；當然爸媽也要跟寶寶用語言描述這些過程，並多使用「親式語」提供寶寶語言經驗。

BSS寶寶音樂手語：用唱的方式和寶寶溝通互動

無論是習得母語或學習手語，音樂一直都是最有幫助的途徑之一，因爲音樂和語言有很多共通性。寶寶作爲天生小小音樂家，對唱歌聲音的興趣遠大於單純說話的聲音，用音樂作途徑讓寶寶接觸手語時，可在親子互動中同時滿足所有感官，讓寶寶擁有更豐富的姿勢符號來連結認知上的學習與發現，所以是很能滋養寶寶認知語言發展的好方法。再加上學習BSS音樂手語時，照顧者被鼓勵大量應用很多符合教保活動設計原則的活動，像是繪本共讀、音樂律動、創意遊戲等，都有助寶寶全方位發展，並以主題式引導人初千日家庭有組織地從「日常常見」與「高動機」字彙開始探索。以下舉一個與動物有關的字彙與音樂手語例子，運用知名繪本《棕色的熊，棕色的熊，你在看什麼？》說明：

①**熊的手語**：雙手放胸前交叉，指甲像熊爪般抓抓肩膀。

②**鳥的手語**：伸出慣用手拇指與食指，放嘴巴前當成鳥的嘴喙般一張一合。

③**鴨子的手語**：伸出慣用手拇指、食指與中指，食指與中指併攏當成鴨子較寬平的嘴喙，一樣放在嘴巴前方一張一合。

④**馬的手語**：兩手伸出拇指、食指與中指，食指與中指併在一起，放在兩邊太陽穴，手心朝向前方，動動食指與中指當成馬的耳朵。

⑤**青蛙的手語**：伸出慣用手握拳，放在下巴下方，突然跳出拇指、食指與中指，像青蛙般跳躍。

⑥**貓的手語**：兩手都是拇指、食指放一起，其他三指伸出來，放在臉頰上，往外比出撚觸鬚的樣子。

⑦**狗的手語**：伸出慣用手，在大腿上拍一拍，表現出用這方法呼叫小狗前來。

⑧**綿羊的手語**：非慣用手在胸前環抱，彷佛抱一隻小綿羊，慣用手伸出食指與中指，像剪刀般修剪羊毛。

⑨**魚的手語**：雙手放胸前，手心貼合，往前游去像一隻魚兒。

⑩**「什麼」的手語**：兩手手心朝向上方，五指微屈來回晃動，表情呈現疑惑感。

⑪**「看」的手語**：慣用手伸出食指與中指，手心朝向自己，中指放在眼角表現看的動作。

⑫**「繪本」的手語**：兩手放在胸前，彷彿翻開又闔起一本書般，開闔數次。

這本經典繪本因為重複性高，可帶給寶寶高度安全感，加上韻律性豐富，不管使用哪個語言的文本，都可應用創意智能加上旋律以唱的方式和寶寶互動。動物的手語幾乎都表現出動物鮮明的特徵，這種非常「象形」的語言不但能促進寶寶的觀察力，同時正好符合這階段寶寶的認知發展需求，是非常好的滋養活動。BSS寶寶音樂手語影片，請掃QR Code觀賞：

人初千日學步期

IAF寶寶親水游泳：在水中以手語強化溝通

人類的語言和生活方式直接相關，因爲生活方式會影響認知，而認知需靠語言作爲符號來內化、記憶、理解與表達。生活在山林的族群，語言文化自然會出現許多和山林有關的字彙；生活在大漠的族群，語言文化則自然出現大量和大漠生活有關的字彙；

台灣四面環海，卻因覺醒度和教育不足，具備水性的人口遠不如期待。IAF聯盟常強調從人初千日家庭開始培養既親水又敬水的態度，就是希望能建立一種自然又安全與水世界互動的關係。不只在家庭中要用這種態度，在專業親水環境或游泳池，甚至河川與大海都是很重要的。如果能從人初千日開始讓親水成爲一種很自然的生活內容之一，寶寶在認知系統中就會自然融入很多和水有關的認知概念，像飄浮、潛水、閉氣、踢水、划水等，而這是在陸地世界很不容易獲得的認知概念。

學步兒在口語語言上通常已漸漸進入單字期甚至字串期，也就是可以使用少量有意義的字彙來內化、記憶、理解與表達認知概念。在這階段如果以各種豐富的互動經驗來滋養孩子正蓬勃進行的認知語言發展，會讓他們突飛猛進。

除口語語言外，進行親水游泳互動也是讓學步兒練習手語應用的絕佳時機，因爲在水中感官經驗與陸地截然不同，使用口語語言又和水中要練習呼吸的控制有所衝突，這時不管成人或孩子都會發現在水中手語很好用。

例如：和方向、動作有關的手語，包含上（手指往上比）、下（手指往下比）、停止（非慣用手手心攤平向上，慣用手垂直放在非慣用手上），這會讓孩子強烈感受到語言在溝通和滿足需求上的強大力量，而更樂意應用，也會自然地強化認知語言發展。

DS動能知覺瑜伽：搭配兒謠律動

所有認知理論學者一致同意感覺動作的輸入是此階段認知學習最重要的元素，而DS動知瑜伽和CBM寶寶按摩可以分別滋養寶寶的動態、靜態感覺動作系統，是STEAM教育中最能獲得感覺動作輸入、滋養大腦頂葉皮質區的方式，併稱人初千日大腦兩塊拼圖。

和按摩一樣，進行DS瑜伽時一樣鼓勵爸媽多多應用歌曲、兒謠，不但有助維持韻律感、增加興趣、產生制約效果，同時也能滋養寶寶認知語言發展，特別是能因應瑜伽動作進行改編的兒謠，並表達這些動作狀態。以下舉幾個簡單動作說明。

這些簡單的DS瑜伽被當成親子互動的日常時，寶寶自然對這些和動作有關的語言符號，產生了可以內化的認知。

① **雙人划船式**：親子面對面坐好，握住彼此手臂，一人向前伸展，另一位就向後伸展，雙方都要保持坐在地面上。可邊「划船」邊唱：「划、划、划小船，一前一後划，你前我後、我前你後，划船真快樂。」

② **半蓮花式**：寶寶躺在按摩瑜伽墊上，照顧者握住寶寶一邊小腿靠近腳踝處，把這隻腳依序溫和的引導到對面的肚子、肩膀、口、鼻處，然後放下溫和晃動，另外一側重複相同的動作，進行時可唱：「肚子、肩膀、口和鼻，口和鼻，口和鼻，肚子、肩膀、口和鼻，肚子、肩膀、口和鼻。」

③ **盪鞦韆式**：照顧者站立或呈現高坐姿，先以安全抱姿抱著寶寶之後，慢慢依DS講師教導的方式，轉為雙手從寶寶腋下穿過，握住兩邊小腿靠近腳踝處，讓寶寶腳心貼腳心，臉部微朝下的平衡放鬆姿勢，左右輕輕擺動，邊唱：「This is the way I go swing, swing, swing, everyday in the morning.」

大腦與神經發展

聯合國兒童基金會莎拉．庫斯科博士（Sarah Cusick）與邁可．吉繼夫博士（Michael K. Georgieff），在二〇一三年把「1st 1000 days」稱爲「大腦的機會之窗」，正因這短短一千天時間可以決定一個人是否能獲得未來最佳的身心靈健康基礎。

「NUTURER【人初千日】平台」自二〇〇三年起更強調人初千日覺醒，也是因爲這階段是大腦神經發展的人生關鍵期，要完成一生中大腦神經發展的至少八成，前面提到的各項發展，包含社會、情緒、生理、動作、認知，以及語言發展之所以如此重要，原因也在於此時的大腦神經發展不但無法複製，且一旦錯過將無法重來。

胎兒階段的大腦神經發展處於「從無到有」階段，每個孕期對胎兒大腦神經發展有不同重要性。

第一孕期（十三週以前）時，大腦作爲人類最重要的器官之一，在胚胎初期就開始發展。孕期第一個月內，或許媽媽都還沒意識自己懷孕，胚胎層就已形成胎兒的腦部和神經，因爲是最開始且基礎的發展，一旦出錯就會造成深遠影響。因此若是計畫性懷孕的人初千日家庭，最好在準備懷孕期間都要避免不必要的菸（包含二手菸）、酒和藥物；若並非計畫性懷孕，確知懷孕後也要謹慎以對，給胎兒一個良好的開始。

第二孕期（十四到二十六週）的胎兒各方面都處於迅速發展期，當然更包含腦部細胞。孕媽咪在此階段營養的攝取會決定性地影響胎兒的腦部發展，這也是爲何產檢很重要，藉產檢讓醫療人員確認胎兒可以經母體獲得良好營養，特別是對腦部發展有益的各種營養素。這段期間也可以好好進行人初千日家庭食育，讓所有家庭成員更了解食物和身體的關係。

第三孕期（二十七到三十九週）越到後期，胎兒腦部細胞的發展就越完全，此時的腦細胞數量已很接近成人期的數量，但腦細胞和細胞間的神經元仍在努力連結當中，並不表示胎兒的腦部至此已發展成熟。這是因爲腦的成熟必須包含腦細胞的數量豐富與腦細胞間的連結豐富，而此階段只有腦細胞數量成長到接近成人數量，但細胞間的連結仍相當貧乏，還需靠後天滋養才能強化。

以上狀態會一直持續到寶寶出生後，約十二個月大之前的寶寶仍處在被視爲「孕期延伸」的新生兒階段，差別只在於生活在子宮外而已，因此對待方式應幾乎和孕期一致。

嬰幼兒「半成品」的腦和成人的腦仍有相當差異，原因之一就是細胞間連結的複雜程度。成人擁有複雜的腦神經連結系統，當我們要執行生活中的社會、情緒、生理、動作、認知或語言等任務時，腦部密布的神經網絡就可以根據過往的經驗值或一些創新元素，很快也很熟練地完成任務。然而嬰幼兒卻因缺乏這種緊密連結的神經網絡，在各方面表現相對不成熟。

要讓嬰幼兒逐漸變得聰明、活潑、健康、擁有好情緒，父母必須幫助嬰幼兒發展出穩固且網絡綿密的神經連結，最好的方式就是提供嬰幼兒豐富、正面且重複、有意義的滋養性感官互動經驗。這些經驗的另一個重要功能就是促使神經成熟化，因爲另一個讓嬰幼兒不成熟的因素，就來自嬰幼兒的神經和成人神經的不同。

剛才提到，嬰幼兒腦細胞的數量在孕期後期就和成人相當接近了，少數出生之後會再發展的細胞，稱之爲「髓鞘質」，這是個很重要的脂肪質細胞，包覆在神經外層，功能和一般電線的絕緣體十分相像，在接到任務、發揮功能的時候，腦細胞會發送電脈衝，經由腦神經傳遞到另一個細胞，讓任務順利完成。電脈衝在腦神經進行傳遞時，類似電流在電線鎢絲中進行傳遞，如果電線外圍包覆了絕緣體，即使多條電線互相交會，也能有效率的各自運作。成人神經就有成熟的髓鞘質，所以能完成複雜的功能，但嬰幼兒的神經外圍尚未完成「髓鞘化」，因此會顯得不協調或相對笨拙。

六大STEAM教育中所有豐富的、愛的親子互動，能透過各種感官正面經驗來加快髓鞘化過程，而表現在嬰幼兒各方面發展的表徵，就是變得聰明又活潑！由此可見人初千日的發展非常仰賴主要照顧者給予寶寶豐富滋養。在大約二到三足歲之前，也就是人初千日的尾聲，完成大腦神經發展至少八〇%成熟度，奠定一生的大腦神經基礎。

每個人都希望孩子能有健康聰明的大腦，對科學家來說，最聰明的腦擁有高度「可塑性」

（flexibility）和「彈性」（resilience）。所謂可塑性就是人初千日階段寶寶大腦的特色，會因遇上的人事物來決定獨特的樣貌；彈性則指人類在生命中遭遇新經驗帶來的壓力甚至創傷時，所擁有的調適能力。人類擁有演化特殊的腦，分工細膩，讓人類不但具有其他動物也有的基本生物機能，也擁有精細的記憶、思考、推理、決策、語言及各種身體活動，甚至能發展出高等的愛和智慧等能力。沒有人能確保任何人一生平順，但所有相關的科學研究都指出，在腦部擁有高度可塑性的人初千日階段，擁有越多愛的滋養的孩子，越有可能在之後的人生歲月裡面對各種可能的危機時，產生難能可貴的彈性來化危機爲轉機，產生嶄新的火花，這也是爲何人初千日覺醒如此重要。

滋養人初千日家庭一刻都不能等，因爲唯有如此，在這個過去、現在與未來交會的一生一次契機，才能帶來一生一世的深遠影響，讓所有人初千日家庭有能力擁抱生命所有的美麗與哀愁，在滋養充滿可塑性的小小生命同時，也有彈性療癒自己的人初千日。

實作

爸媽一起來，滋養寶寶大腦與神經發展

六大STEAM教育同樣可提供滋養人初千日大腦與神經發展的具體可行策略。以下同樣以人初千日的不同階段舉例說明。

人初千日胎兒期

NBF人初千日食育：健腦優質飲食

飲食和大腦間的關係已獲得科學界的正面證實，近代的研究包含醫學、飲食學、生理學，或相對新的營養心理治療學領域都發現「人如其食」。

人類的腦不但主宰人體許多功能，負責你的思想、運動、呼吸和心跳等重要機能，更是一個一天二十四小時、一週七天運作的器官，即使睡著時也從不關機。大腦如同一部好車，必然需要你提供充分且高品質的燃料；對大腦而言，飲食就像車子的燃料，若使用的燃料品質不佳就會產生耗能的廢棄物，不但難以排出，還會傷害車子性能。人腦也是如此，若長期攝取過多精製食品，例如精製的糖，除了難以排出體外，還對大腦有害，影響身體的胰島素功能，導致慢性發炎，讓身體處在氧化壓力下，生成大量自由

基廢棄物，影響身體性能且尤其傷害大腦。

當媽媽懷孕時，身心靈的巨大變化需要很多優質飲食當成燃料來應付需求。雖然近代已開發國家的孕婦飲食十分豐富，只要把握均衡原則，通常胎兒都能有很好的發展，但如能在孕期就進一步認識並食用各種對大腦神經發展很有幫助的優質飲食，再加上前面提到彩虹飲食日誌，就能建立良好的食育習慣。以下介紹幾種有益大腦神經發展的食材：

① **蘋果**：「一天一蘋果，醫生遠離我。」是句西方兒童琅琅上口的話，可見蘋果受重視的程度。蘋果含有一種稱爲槲皮素（又稱五羥黃酮）的成分，能刺激腦部活動，且滋味香甜，又有豐富的鹹甜食變化，對人初千日家庭而言絕對是非常優質的健腦食物。

② **全穀粥**：粥品是亞洲人很熟悉的食物，除了使用白米，更可使用各種全穀類像燕麥、大麥、糙米等來準備餐食，除了直接烹煮成粥外，也可事先把這些穀物磨成粉，運用創意智能，搭配牛乳、雞蛋、蔬果等製作成鬆餅、煎餅等食物，滿足孕媽咪多變的胃口。多穀類富含纖維質和蛋白質，能讓心臟與腦部動脈保持強健暢通，也能強化注意力，是人初千日家庭優質的大腦食物。

③ **魚類**：魚類富含維他命D和Omega-3，對所有年齡層都有防止記憶喪失和腦部功能退化的功效，越多Omega-3進入腦中，腦的功能就運作得越好，也越能集中注意力。像鮭魚、鮪魚、沙丁魚均富含Omega-3營養素。

④ **雞蛋**：蛋是營養豐富的食材，蛋黃中富

含一種構成腦細胞外層所需的膽固醇，也含有很多脂溶性維生素，像B12、膽鹼、硒等，這些維生素對器官發展非常重要。若能妥善運用創意智能，你會發現雞蛋是很好的黏著劑，可結合多樣食材變化出更多人初千日家庭餐桌美食，滿足一家大小的胃口。

⑤**好的脂肪**：脂肪對於大腦的運作非常重要，有些好的脂肪像是優格，特別是蛋白質含量遠高於其他優格的全脂希臘優格，能讓大腦傳遞與接收訊息更有效率。優格還能搭配各種香甜水果食用，人初千日家庭成員的接受度很高，在印度飲食中也常搭配咖哩食用，在西方飲食裡也常被用來替代熱量較高的起司，作爲相對健康輕盈的選項。希臘優格一般也認爲能幫助更多血液進入腦中，讓大腦的運作更良好。

CBM孕期產期按摩：平衡孕產婦自律神經系統

孕產婦面對巨大的身心靈變化，在這充滿期待與壓力的階段很需要「好好按摩」來照顧。在按摩的許多好處中，特別值得強調的是能平衡孕產婦的交感神經與副交感神經系統。自律神經顧名思義就是會依據個體面對的環境來自我調節，以因應各種挑戰，像是在面對壓力時呼吸會變急促，心跳會加速，同時會滿頭大汗，這都是由自律神經掌管的生心理調節機能。自律神經又依功能分爲交感神經和副交感神經，我們可以熟悉的「陰陽系統」來理解。

交感神經就是「陽」系統，想像一下你正準備參加一場短跑大賽，參賽者都是各方佼佼者。在起跑線等待的那一刻，你的呼吸短而急促，心跳砰砰加速，全身大汗淋漓，身體所有能量和血液都被運送到肌肉和骨骼，消化系統減緩作用，免疫系統需要的大量能量也暫時停止提供，腎上腺素飆升，以確保從此刻開始到完成比賽爲止，你都能發揮最大潛力來贏得比賽。交感神經系統能讓我們在有「恰當壓力」狀態下激發最大能量，產生突破性表現。但若個體一直處在高壓環境下，心血管系統就會開始不堪負荷，消化系統和免疫系統崩潰，身體有限的能量不夠使用，而產生各種毛病。

孕產婦面對的壓力很大，若失衡容易造成身心靈出狀況，而能保持陰陽平衡的就是「陰」系統——副交感神經的功能。想像一下難得的度假經驗，你待在一個熱帶的浪漫酒店，每天就是拿杯清涼的椰子汁，躲入湛藍色的游泳池中享受水波蕩漾的沁涼池水。相信光用想像的，你的臉上就已漾出笑意了吧！其實，這樣的愉悅感受正是由副交感神經所掌管。人在完全放鬆的狀況下，骨骼肌肉會處在柔軟狀態，充滿彈性，免疫相關系統有充分空間運作，腸胃道機能效率十足，睡眠品質良好，自癒能力增加，清除掉累積的毒素，身體釋放出多種好的荷爾蒙，讓我們進入美好且享受生命的感覺，身心靈也處在健康的狀態。

但現實中我們不可能長時間處在全然放鬆的平衡狀態下，過度缺乏壓力也無法激發出更高的表現和潛能，因此我們應試圖建立一種可持續進行、務實的紓壓方式。配偶爲孕產婦按摩過程當中會有愛的眼神交流互動，聽到對方的溝通訊息，嗅聞到彼此獨一無二的氣味，這時可以給另一半愛的親吻，還會有豐富密集的肌膚觸覺互動，這些感官的正向刺激正是活化副交感神經的重要元素，在我們無從躲開日常生活持續存在的壓力時，可以發揮非常優質的平衡作用。

CBM寶寶撫觸按摩：越按摩越聰明靈活

當寶寶正式來到子宮外的世界後，若爸媽希望他們的大腦神經系統可以延續子宮內的速度繼續發展，正向的按摩撫觸正可以提供最好的滋養元素。

按摩當下，若爸媽以CBM寶寶按摩強調的「LOVE原則」進行，親子間就會像談戀愛般有視覺的眼神互動，有聽覺的呢喃耳語，嗅聞到對方身上因費洛蒙形成的獨一無二氣味；再加上觸覺互動，自然地親吻或把手放進嘴巴產生味覺互動，這些感官感受都有助之前提過的大腦神經髓鞘化。在人初千日的實作課程上，很多爸媽都注意到寶寶在按摩後各方面表現顯得相對穩定，這正是因爲按摩滋養了大腦神經系統。

按摩是個能讓親子進行全方位感官互動的人初千日STEAM教育，而「觸覺」這個寶寶最早發展也和按摩直接相關的感官，值得我們一提再提。如果你有生理監控的科學儀器可以檢測，就會發現寶寶接受按摩時，因爲皮膚遍及全身，看似簡單的觸覺訊息會立刻透過皮膚這全身最大的器官，以電脈衝形式透過神經把資訊傳遞到寶寶此時正在努力發展的大腦頂葉皮質區——這是大腦接收來自身體各處主要身體感覺的位置，就像電腦一樣，不只硬體重要，還要有軟體才能讓電腦運作。當你覺得寶寶經過按摩後似乎變得更聰明靈活了，這不是你的錯覺或自我安慰，而是確實有科學研究支持的結果。

DS動能知覺瑜伽：四肢發達頭腦更不簡單

作爲人初千日大腦兩塊拼圖之一，DS動知瑜伽對大腦神經發展的滋養與CBM寶寶按摩相輔相成。人類寶寶從生命開始之初就不斷進行各種隨機的肢體動作探索，在過程中也不斷地提供發展中的大腦各種與身體知覺有關的動態訊息，包含觸覺、平衡感、肌肉骨骼、視覺等，這些重要訊息會在大腦進行資訊整合，形成一張動態身體地圖，建立自己身體的整體意識與了解周圍世界的樣子。

以「LOVE原則」設計的DS動知瑜伽四十五個動作式，像是前面提到的雙人划船式、小蝴蝶兒式、半蓮花式等，讓寶寶除了隨機探索肢體動作之外，能加深並加廣各式肢體動作的能力光譜，獲得更多過去沒有體驗過的、與身體知覺有關的各種動態訊息，就像是積木的形狀增多了，能蓋起來的城堡也更多采多姿，還能把他們應用在其他建築工事中。很多照顧者也往往發現，當寶寶進行更多DS動知瑜伽活動後發展更顯成熟，同時也因動得夠，穩定度變得更高，帶來四肢發達後頭腦更不簡單的成果。

IAF寶寶親水游泳：水按摩讓寶寶適應多樣環境

父母若希望寶寶人初千日階段的大腦神經具有高度可塑性，關鍵在於讓寶寶盡可能地適應各種生長環境。到了人初千日尾聲，大腦神經連結會因為「用進廢退」的關係，決定哪些常用的神經連結會保留下來，以保持能量只強化重要部分，不常使用的部分則會去蕪存菁，不增反減，而過了人初千日階段之後也不會再產生那樣的大量連結了。

寶寶在胎兒階段一直生活在羊水中，出生後就離水世界越來越遠，讓寶寶越早接觸IAF親水游泳活動的好處在於可利用寶寶與水有關的各種原始反射，建立起在水中自主活動的能力，不過更重要的是可以運用水世界的多種特質來滋養寶寶大腦神經發展，

並持續到學步期。

對學步寶寶來說，如果沒能從新生兒階段開始就持續接觸親水游泳，對水世界也許會產生陌生感。其實水世界對於滋養學步兒的大腦神經發展仍是很重要的，即使只是在浴缸中沐浴，或是和爸媽一起泡溫泉，都算是廣義的ＩＡＦ親水活動。在水世界中的整體包覆經驗就是種特別的「水按摩」，一樣能幫助大腦神經髓鞘化；同時，在水世界即使進行與陸地上一模一樣的活動，傳送給大腦頂葉皮質區的身體感覺資訊仍是完全不同的。在水中，學步兒也很容易應用左手配合右腳，右手配合左腳的跨側協調方式活動，這就像是在陸地上爬行般，讓可能已經不愛爬的學步寶寶仍有機會獲得左右半腦間的胼胝體刺激。

保持在水世界進行各種形式的親水活動，都是滋養大腦神經發展的好方法。

BSS寶寶音樂手語：音樂經驗有助大腦發展

人類語言系統的複雜性不只在於認知、控制口唇舌與聲帶精細動作的部分，還要能分辨語言中微妙的社會情緒意義，所以只有人腦才有能力精通人類語言，甚至精通兩種以上的語言；而語言無論是習得或學習而來，對活化腦部都有幫助。

聽人寶寶學習BSS音樂手語時幾乎不可能以母語方式來習得手語，最多只能增加語言沉浸環境、增加學習機會。不過即使如此，手語這種語言提供給寶寶的大腦神經滋養也完全不亞於口語語言，因爲使用手語時一樣需要建立豐富的認知、使用肢體做出動作、觀察各個動作的些微差異，也要能分辨語言中的各種社會情緒訊息（手語是很重視表情的語言）。

學步兒的口語語言雖然才剛開始發展，但認知發展已達到相當豐富的階段，學手語則可以幫助學步兒認知到更多能用來內化、記憶、理解、與表達的「符號」，孩子學得越多，腦中資訊量也就越多。

遇到不會比的手語時，BSS也鼓勵人初千日家庭除了查字典、詢問BSS講師之外，更能勇敢地使用「概化」的手語，例如不知道「釋迦」怎麼比，可以暫時使用知道的「水果」來概稱。這可以幫助寶寶認知到某些「符號」是有相關性的，這樣一來，大腦自然而然獲得更多升級發展機會。

BSS尤其強調以音樂途徑讓人初千日家庭接觸手語。音樂經驗本來就有助於大腦發展，BSS並以主題方式進行，這種有系統的學習方法會讓成人和孩子都加深印象，且為了學習目標手語，成人大量設計和手語有關的活動，所有活動都需要各種感官的參與，又能同時增進有品質的互動，這一切都能活化大腦神經發展，可以說是非常優質的滋養人初千日大腦神經發展的活動。

人初千日覺醒：
一齣源於悲劇的家庭喜劇

關於收養小衍與否，雖然俊彥和碧群偶爾為此不歡而散，但他仍願意和碧群討論，至少雙方有了先了解收養程序的共識。

碧群積極地去接觸一些收出養機構資訊，發現原來有很多有用的課程在幫助這些家庭，所以她也為自己和俊彥報名了課程。

在課堂中，由專業的老師帶領有意願收養孩子的家庭，了解這些非親生孩子進入新家庭之後可能需要的協助，以及收養家庭需要適應的問題和學習。碧群常說，上這些課程不但讓俊彥開始明確表達他也有意願收養小衍，並且在上課時臉上的線條也柔軟了起來。他們覺得自己真的有能力給小衍一個真正的家，一個不輸他前一個家的新家。他們最終也收養了小衍，這些日子的互動讓小衍已經很適應新環境，而新的爸爸媽媽也學習著適應這個新的家庭結構和新生活。

碧群和俊彥正式收養了小衍。相對於小衍很快就適應阿姨與姨丈成為新的爸媽，反倒是碧群和俊彥覺得自己尚在適應當中，畢竟生兒育女從不是他們生命中的選項。不過參加人初千日課程給了他們很多各方面的準備，雖然有時候忙起來，都是外婆帶小衍去上課，但他們覺得這多少也療癒了外婆的喪女之痛。

這個人初千日家庭的組成雖然源自一場悲劇，但是他們正慢慢努力轉為一齣甜蜜溫暖的喜劇。

結語

人初千日覺醒：回到原點，向未來出發

人初千日覺醒的探討已接近尾聲。二〇一九年三立電視台製播的一齣戲劇《一千個晚安》中，溫暖有智慧的戴站長說：「人生每每走到某個關卡時，都會想回到原點，找回從前那個永不改變的東西，重新整理再出發。」我很喜歡這句話。人初千日是人生重大關卡，所以是時候再回到原點了。人初千日是原點，探討「人」的意義也是原點，而「愛」正是那個永不改變的東西，可以滋養「人生」再出發。

自古以來，人類一直對「人」之所以為「人」這個主題有過無數討論，問題之複雜顯然並不是發達的科學就能解答，大多時候屬於哲學討論，很可能就算代代人類不斷費神探討，也不見得找到標準答案。無論你認為人和其他動物最大的差別在哪兒，要具備哪些特質才不會在作為「人」這件事上失格，不能否認的是，作為一個「人」的「人生」意義都是從最原點、也就是人初千日開始累積，以此為定錨，一個人有沒有愛、會不會愛，未來的發展相去何啻十萬八千里。在此我想不自量力地跟隨史上所有哲人的腳步，也來探討「人」之所以為人的意義，追溯人初千日覺醒所扮演的角色，甚至在人類物種演化史上所占的地位。

自從地球上出現了第一個生命體，生物演化法則就注定要主宰當時的生命體、現代的人類，以及未來的人類。從地球上最簡單的生命形式開始，這些生命體的老祖宗，包含三葉蟲等所經歷的一切，都透過繁殖這一最古老的生命過程，以DNA編碼的形式藉由基因傳承給之後世世代代的生命。換句話說，地球上曾經出現的一切都會在一個新的生命中留下走過的痕跡。你我每個人身上都留有三葉蟲先祖的軌跡，我們從來都無法拋棄過去，更不可能忽視現在，以及否認這一切痕跡對未來的影響。

人類這物種是從最簡單的生命形式演化來的，也是目前所知的地球生命歷史上最獨特的嶄新物種。我們具有的腦部結構、生活方式，都和地球上其他的生命形式有著「創局性」的差異，也就是生命的演化一般都是適應環境變遷而生，但偶爾會發生一些特別重要、前所未有的演化變化，讓生命的形式產生創造性、前所未有的改變。人類這個物種作爲一種生命形式，就是生物演化論中一個特別的演化案例。這樣的新物種誕生，從人類老祖宗放棄平衡的四肢著地、改成直立行走那一刻起，從我們的大拇指高度演化，可以和其他四指對掌、握拳，進行更精細的動作那一瞬起，就開展不可能回頭的演化歷程。

這些變化都是演化史上的「量子跳躍」，讓人類成爲一種與過去相比之下大爲進步、生活方式從此完全不同的「新物種」。這樣的「生物演化契機」包含知道用火、發明網際網路等，在過去已出現很多次，每一次都爲地球其他生命和人類開創前所未有的新局，但也同時爲人類自己與地球上其他生命帶來前所未有的挑戰。

人類作爲地球上的強勢生命新物種，有責無旁貸的義務要爲其他物種的存續努力，致力成爲一個更好的、更有「愛」和「智慧」的新生物。愛的原始本能形式或許存在所有動物中，但愛的升級版能力只有人類有可能企及，而智慧更是人類獨有的能力，這也區別了「人」與動物的不同。能爲地球上所有物種承擔責任的人生，才是有意義的人生。

近代人類在演化歷史長河的比例中彷彿只是一瞬間，但突飛猛進的變化卻有目共睹，但也因爲創造了太多、太快速，讓自己陷入忘卻人生本質的危機中：因爲全方位演化契機造就全方位的「進步」，改變了生產方式、經濟模式、生活型態，卻漸漸失去了古老「繁殖」新生命的人生意義……

人初千日的覺醒就是試圖在新危機之中，以全新方向的「生物演化契機」再次創造人類「新物種」，在這個對子代是危機、對親代是危機、同時也是人類演化危機的時代，試圖找尋化危機爲轉機的機會，創造有愛、有智慧的人類新物種。

人初千日正是一切的關鍵所在，人初千日寶寶也就是人類的新物種，可以擁抱所有可能性，更能以毫無保留的愛教導成人以愛來學習，讓爸媽也既而成爲人初千日新物種。以此爲基礎，社會上所有的人類作爲一個整體，也會成爲新物種，畢竟每個人都是家庭，每個家庭都是社會，每個社會都是世界，而每個世界都是宇宙。

之前人類演化的結果，讓人初千日寶寶需要高度依賴親代和整個人類社群的滋養才能生存，物種間永遠存在必然的競爭性，甚至人初千日的子代和親代間也無可避免。因爲身心靈各項資源有限，親代也可能因爲子代出現感到新的危機，但若能意識到「人初千日其實就是自己，也是全人類」這樣生命共同體的特質，就能讓父母在開創人生新局過程中產生的新危機，化爲產生新平衡的轉機，彌平世代間的矛盾。

無論你是否眞的在生理上成爲爸媽，作爲人類的一分子，這樣的覺醒對你也很重要。當地球上每個人類都能覺知到人初千日的意義，便能迎來人類整體生命品質產生演化契機的新物種世代，這也是人初千日覺醒的終極意義。

人初千日的重要性不只展現在科學研究資料中，在你我作爲「母親」的直覺裡更能感應到。當你意識到人初千日覺醒不只關乎個人，還攸關全人類新物種的誕生，人生的意義變得更非比尋常，你會更加愛上人初千日的經驗。

這段經驗不但對新生命有一生一世的影響力，更對賦予新生兒生命的你我和整個人初千日家庭都意義非凡，你我都會更加珍惜，也知道人初千日的滋養再多都不爲過。在這個跨越時空的宇宙級運動中，你我都是責無旁貸的一分子。呼應西方俗諺所說的：「養育一個孩子需要全村的力量。」我想進一步讓你知道的是：「**滋養一個人初千日家庭需要全宇宙的力量**。」讓我們一起攜手從「愛」的原點出發，用「愛」的學習圓滿這個原點，並得到更多「愛」的智慧。

二〇〇三年起，我在跌跌撞撞的過程中，從摸索自己的人初千日家庭人生意義開始，和生命中的隊友們醞釀孵育出「NUTURER【人初千日】寶寶專家平台」。相較於「先天」（Nature）的概念，「NUTURER」這個字則帶有「後天」（Nurture）的意涵，影響一個人的因素中，先天的部分只有上帝與神佛能著力，而在後天的部分努力地滋養，就是「NUTURER」的由來，我想和一群「NUTURER」養育者們，透過後天的努力來滋養每個人初千日家庭與人類共同的未來。

「NUTURER【人初千日】寶寶專家平台」作為一個具備社會企業精神的組織努力經營運作，以愛與智慧促進人初千日覺醒為理念，以滋養人初千日家庭為核心，企圖在這個資本化、都會化、網路化的時代，與人初千日家庭一起在這變動的關鍵時刻努力，用喚起覺醒的方式，意識到這是一個過去、現在與未來交會的神奇時刻。我們若能因此開始擁抱人生的美麗與哀愁，找回成就感與幸福感，就會找到轉變的契機，成就自己獨一無二、版權所有的人生故事。

在覺醒過程中，以六個STEAM教育作為工具，每個教育的特色都以LOVE原則來回應寶寶最初的愛，並以寶寶為唯一專家和唯一老師，藉此滋養孩子在人初千日這個定錨階段的八大關鍵發展。在父母家庭方面，療癒親代自己的人初千日，更能讓人初千日家庭的爸媽從琳瑯滿目的外在威權資訊中解放，經由「從做中學」獲得有組織的知識，最後建立起回到內在權威的四大智能的智慧，使人初千日家庭都能好好的吃、好好的睡、好好運動，以及好好按摩。

閱讀已到尾聲，不知道你是否還記得前面每一章那些面臨衝突危機的人初千日眞實故事？人初千日覺醒正是我希望給他們人生的催化劑，祈願他們的故事出現變化，不管這樣的變化是否爲全然的喜劇，至少幫助他們的人生不再卡關，得以繼續走下去。

故事說完了卻未完，還有無數人初千日家庭覺醒故事待續。希望你和我一樣，都因爲被這些故事中無數的溫暖感動，也開始讓生命彼此滋養、彼此成就，畢竟這些故事中，都有你，也有我。

附錄

更多人初千日覺醒故事，未完待續

人初千日覺醒故事1：

謝謝妳來當我的孩子

綺綺媽媽　黃憶婷

二〇〇八年春天，我生下患有心臟病的女兒綺綺，初為人母的喜悅沒有維持太久，每天過著忙於擠母乳、在家與醫院之間奔波的日子。就這樣過了四個月，醫院告知孩子可以準備回家了，從未養育過孩子、甚至沒抱過嫩嬰的我，面對孩子即將出院回家，更何況還是個經歷過大手術的寶寶，不安與焦慮占據我內心，面對孩子未知的未來我更加擔憂了。

由於孩子經歷過心臟大手術，加上住院時間比較久，因此在生活照顧上比一般嬰兒還要難照顧，連基本的吸吮反射，也因為長時間住院使用鼻胃管餵食，因而抗拒以口進食，造成長達一年的口腔敏感，甚至有發展遲緩現象，這讓我非常擔心，煩惱不已。

在一次偶然的機會下，我接觸了嬰幼兒按摩，也因此認識鄭宜珉老師，開啟人初千日第一個重要課程。我原本是想透過寶寶按摩來幫助孩子消除住院以及手術的壓力，沒想到不只孩子受惠，也按摩了媽媽那顆焦慮不安的心，讓我也變得柔軟許多。每一次的按摩讓我與孩子的關係更加貼近，也放下內心對沒能給孩子健康身體的愧疚。透過肌膚接觸，讓我與孩子之間的親子關係更加緊密，也讓孩子在往後以口進食、肢體動作以及其他發展上有不少進步，這讓我始料未及。

透過嬰幼兒按摩，幫助她走過三次心臟大手術，也幫助她努力勇敢通過生命中的種種難關，直到十歲的年紀，仍時時要求我為她按摩。嬰幼兒按摩在綺綺的成長過程中扮演著救世主的角色。

在綺綺三歲前，我們也陸續參加了宜珉老師推出的人初千日相關課程，包含嬰幼兒按摩、寶寶音樂律動、嬰幼兒動能知覺瑜伽、寶寶親水游泳等等。在課程中，宜珉老師鼓勵我們讓孩子順其自然發展，觀察孩子的各個行為模式，提供成長過程中的協助與調整，這是與我們以前經歷的教育有所不同的地方。

在養育孩子的過程接觸到人初千日的這些課程，應用在我們與孩子的互動上，同時也帶給我正面能量，讓我更有勇氣用愛去陪伴與擁抱我的小小生命鬥士。在綺綺的成長過程中，仍然念念不忘兒時上過的這些課程，以及帶給她的歡樂時光，在心中留下深刻的美好記憶。人初千日課程不只幫助父母養育新生命，進而影響家庭，尤其對像我們這樣歷經多次人生關卡的孩子與家庭帶來了希望與勇敢走下去的力量。我們很幸運能夠認識宜珉老師，她溫柔且正向的教養觀念，讓我在養育孩子的過程中得到相當多的協助與鼓勵，我由衷感恩。

二〇一八年夏天，綺綺沒能撐過第四次心臟手術，最後還是離開了。雖然我傷痛欲絕，感嘆生命無常，但很慶幸這十年來能透過人初千日課程與女兒有更多的親密接觸，一同攜手走過這些悲歡與共的日子，讓我跟她在此生擁有最美好的回憶，更不忘謝謝她來當我的孩子。

我十分贊同鄭宜珉老師提出的人初千日教育方式，從受胎開始的一千天，為孩子預備一輩子的身心健康。誰說孩子還小什麼都不懂，綺綺經歷多次大手術，身體與心靈從小就承受了無法想像的創傷，因為接觸人初千日的教育，讓我在孩子身上看到明顯的改變。

孩子如同一張白紙，真真切切地感受這世界，我們給予什麼樣的教養方式，就會帶領他們變成什麼樣的人。讓我們一起攜手打造溫柔堅定且正向的教養新觀念，而我也還在這條路上繼續努力著。

人初千日覺醒故事2：療癒彼此創傷的魔法

毛毛媽媽　龔晨瑋

二〇一六年十月下旬，我們即將迎接家中第二個寶貝，越接近預產期，大家的心情也越發不同：毛毛期待弟弟來臨，可以升級成哥哥；我期待弟弟來臨，可以卸貨好好睡覺，爸爸期待弟弟來臨，可以再當一次神隊友。

就在預產期前一個星期的某天傍晚，提早請假回家的我默默坐在沙發上，覺得有些不對勁，但說不上來為什麼。過去兩天我很忙碌，直到這一刻才有時間喘口氣休息，晚上連吃飯的力氣也沒有，只想好好睡覺。但傍晚到午夜這段時間裡，我也沒能真正入睡，過了午夜之後，我開始默默計算疑似宮縮的間隔時間，直到凌晨三點多……

雖然有過前一胎的經驗，但仍覺得第二次似乎無法參考前一次的情況。宮縮默默地來到小於十分鐘的間隔了，我決定叫醒爸爸出發前往醫院，而這時的我仍不知這將是改變我生命的一天。

來到產房報到，護理師按照慣例為我綁上胎心音監測，但動作不若以往快速找到心跳，甚至臉色凝重，而我還沒察覺出任何異樣；護理師拉來超音波儀器，並且等待我的婦產科醫師出現，這一照之下，我才意識到婦產科醫師表情有多沉重。

「妳有感覺到胎動嗎？」醫師這麼問我。

「……」我啞口無言。

「胎兒的腸子已經明顯腫脹，他離開很久了。」醫師接著說。

我的腦袋瞬間變成一片空白，無法思考。

「剛剛醫師說了什麼？」我第一次體會到心碎與心死原來是這種感覺。我的寶貝，那麼確切與我相處了三十八週又六天，再幾天就要見到面了，這是一場夢吧？

從這一天開始，我們全家人的生命缺了一部分，在我們身上留下了暫時無法痊癒的創傷。

之後大約半年的時間，除了大人傷心之外，毛毛也出現了心理影響生理的明顯反應。雖然他無法明確表達自己的感覺，但就是這無法言明的情緒導致他便秘，進而造成紅屁股與需要浣腸的協助長達好幾個月，而我只能盡量透過腹部按摩協助他自行順利排便。

在這當中除了無法控制的眼淚，我們也透過各個部位的按摩來轉移情緒。前述的腹部按摩因為有幫助毛毛腸胃蠕動的需求，已經不可或缺，其他腿部、手部、背部按摩則成為我們的日常，會詢問彼此今天想被按摩什麼部位。雖然那時毛毛才剛滿三歲，但從人初千日時期就開始接受按摩的孩子，很清楚知道自己的喜好以及按摩可以得到的好處；他開始告訴我今天腳痠，需要按摩腿，今天想好好睡覺，需要背部按摩，甚至指定我要畫小圈圈的那種。

在這過程當中我們只有彼此，專心且專注在對方的需求，直到約莫半年之後，我們終於讓情緒與生活漸漸走回正軌，過去那段失落的時光感覺似乎很久遠了。

在那段以為走不出失去寶寶傷痛的日子裡，我感謝自己在毛毛人初千日階段時，就帶著他好好接觸了寶寶按摩、寶寶手語及寶寶瑜伽，依靠這三大魔法互相療癒彼此的創傷，也讓我們能有機會好好認識自己。

因為如此受用，我從二〇一七年開始陸續參與培訓，成為講師。衷心希望能帶給正在經歷人初千日階段的家庭更多幫助，甚至是受過創傷的家庭能有更好的親子互動，並且增加相處的品質，給予茁壯的養分，澆灌著這些家庭，從從小樹苗成長為心靈穩固的大樹。

人初千日覺醒故事3：

翻轉我對生命的看法

退休護理師　盧建秀

你聽過人初千日嗎？你知道人初千日是什麼嗎？如果你曾聽說，也稍微了解什麼是人初千日，那就太恭喜你了！因為你正走在早教界的最前端。

「The 1st 1000 days」是聯合國為呼籲大家能重視嬰幼兒階段的營養而提出的一項計畫。然而嬰幼兒（甚至新生兒階段）只需要營養嗎？這個計畫看在有台灣「早教界之母」鄭宜珉老師的眼裡，卻有大大需要加強的地方。

宜珉老師帶領我們這群NUTURER講師，在荒蕪的早教天地裡不只重視寶貝營養，更開設嬰幼兒撫觸按摩、嬰幼兒動能知覺瑜伽、寶寶音樂手語、嬰幼兒親水游泳、寶寶副食品，還有孕期產後按摩等課程，希望人初千日的理念能更扎實。

宜珉老師是我們的領頭羊，讓我們這些講師跟隨她，在促進寶寶各項發展的路上滋養了父母、滋養了寶貝，我們更以這些人初千日家庭為師，滋養我們自己的身心靈。

我是退休的新生兒科護理師，在我的一生當中有無數老師教導過我，但是唯有宜珉老師念茲在茲重視人初千日的理念，翻轉了我對生命的看法。現在，宜珉老師將她一路走來的心路歷程集結成書，呈現在我們面前，謹將這本生命之書，獻給重視人初千日的孩子與你！

人初千日覺醒故事4：

謝謝妳，我的孩子，我的老師

社工師雙寶媽　謝怡君

結婚之後，我很自然地與另一半期待新生命的到來。婚後第二年，第一個孩子她終於選擇了我們，豐富我與先生的生活與生命；很快地，第二個孩子也來報到了，兩姊妹相差一歲又十一個月。現在，姊姊即將五歲，妹妹也快三歲了，這也正式宣告我的全職媽媽角色即將卸任。

在帶養孩子的日常裡逐漸體認到，親與子的關係與其他關係很大的不同是——我們與孩子在一起，是為了要讓彼此學習放手與獨立。這深刻的感觸與宜珉老師曾說過的「在教導孩子獨立之前，請務必先教孩子健康的依賴」不謀而合。更何況孩子的保鮮期只有十年，孩子需要多加學習，如何透過可以信任的大人引領他們認識這個大千世界。

生大寶時，我在坐月子期間因為母乳哺餵問題，在某天的下午獨自聽著孩子哭泣，卻害怕靠近，更不敢抱起她。我就坐在床沿遠遠地望著，因為我知道她餓了，但是我的母乳卻餵不飽她。這樣的心情壓得讓我喘不過氣來，眼淚也不爭氣地一直流。

突然間，我覺察到自己「害怕靠近我的孩子」的意圖，而感到不對勁。心底一道理性的聲音提醒我：「想一想，恆河猴的實驗告訴我們什麼？孩子會生存下去的重要因素不是食物，而是做為父母的愛與溫暖！」

收起了焦慮，我趕緊抱起孩子。還記得當下的我邊流著淚、邊抱著孩子說：「對不起，寶寶！媽媽的ㄋㄟㄋㄟ生病了，我們一起跟媽媽的ㄋㄟㄋㄟ說再見，以後我們就喝泡的牛奶，它一樣很營養，也會讓妳好好長大。」當安定好自己的內在與情緒後，似乎一切都豁然開朗。我躺在床上，讓孩子窩在我身旁，用著自己的手輕撫她，用最原始的本能向孩子訴說我對她的愛，也謝謝她讓我戰勝了焦慮與害怕。

人初千日，一個人一輩子中最重要的一千天，我踏著屬於我與孩子共同的步伐，慢慢豐富我們的雙人舞、三人舞、四人舞。

謝謝妳，我的孩子；謝謝妳，我的老師。

人初千日覺醒故事5：

好好對待孩子，也重新修復我們自己的人初千日

幼教師孕媽咪　張筱茜

我是一個媽媽，也是一名幼兒教育老師，人初千日的感動要從我真正擁有一個孩子開始說起。

從孩子出生開始，媽媽的眼睛就無時無刻跟著孩子，捨不得離開。在養育孩子的過程中，我享受了前所未有的快樂，但也嚐到了當媽媽才有的辛苦與擔心。

孩子的每一個里程碑，總是考驗著媽媽的神經反應，往往只要有一點點的「風聲」，像是婆婆媽媽們這些過來人的叮嚀以及網路上的資訊，總是讓新手媽媽的我倍感焦慮。對！很焦慮！就算我自己是名幼兒教育的線上老師，還是感到很焦慮！我這時才明白，為人母與為人師大不同，也突然非常能夠了解家長們的憂慮與左右為難。

我的孩子很幸運，因為他的媽媽很上進（自誇一下）。我在他出生前就先行進修了CBM嬰幼兒按摩與DS寶寶動知瑜伽，出生後又進修了BSS寶寶音樂手語，我的孩子可說是在人初千日課程中浸潤長大。嬰兒時期的他很容易便祕，這個時候我應用了寶寶按

摩來舒緩他的不適，效果非常顯著，只要睡前幫他按摩，隔天尿布上就會有滿滿的收穫。

隨著孩子慢慢長大，開始進入我們所謂的發展里程碑的關卡「抬頭」「翻身」，但因為我兒子是個大頭胖寶寶，所以在這個階段大大卡關，這時DS動知瑜伽就派上用場了，我們像玩遊戲一樣有目的地動動身體，孩子也慢慢地一次又一次破關！重點是爸爸也可以上場表現一下，媽媽才可以在旁邊喝茶看表演呀！

每個孩子的發展都不太一樣，我們都很了解這一點，但是當發展遲緩的情況發生在我們身上時，總是特別難熬。讓我印象最深刻的莫過於孩子學說話了，隔壁鄰居的孩子一歲一個月大就已經進入電報句說話期，語言發展超前，我家小孩一歲時連一個字都還吐不出。身邊不乏有專業人士與成人懷疑，我一定是讓孩子使用手語，所以他才不開口說話！是的，我的孩子在八個月大時，就可以運用不少手語字彙跟我溝通。媽媽我捺著性子收下眾人的關心，持續不間斷地使用手語加上口語的溝通方式，終於我的孩子開金口了，而且字彙量非常多，這時身邊關心孩子的大人們也終於眉開眼笑，拍拍手叫好！

人初千日課程讓我的孩子在發展方面收穫滿滿，更在親子依附關係上擁有穩定情緒。這種覺醒讓豬隊友不再是豬隊友，也能夠和小小的孩子培養親子關係。這個世代的爸爸們其實也好想幫忙，只是少了工具而已。這些課程幫助我與我的先生認識這個時期的小小孩，用適合的方式來好好對待他們，也重新修復了我們自己的人初千日。

人初千日覺醒故事6：

人初千日，從心開始

高雄童臻托嬰中心園長媽咪　林言臻

在充滿資訊與電子產品爆炸的年代，網路上有許多育兒方法，甚至所謂的訣竅，各式育兒知識與專家網紅，一人一句、一人一篇影片與文章向外傳播，比起過去單純育兒還讓人摸不著頭腦。光是要不要哄睡？孩子哭泣要不要回應？這些議題就有各種版本。

市面上琳琅滿目的親子課程，名稱上寫著親子，但事實上滑手機的滑手機、忙著拍照打卡的，拍完照就陷入網路空間……那麼孩子呢？

我們家哥哥出生時，身邊的好姊妹都尚未結婚，市面上也沒有所謂的親子課程，沒有任何諮詢對象。第一本拿到的育兒書是百歲醫師客的，妹妹傳給我的第一篇網路育兒文章主張不要搖睡寶寶，我也跟著執行了，但在這過程中，母愛天性與文章警告相互拉拔，撕裂我的心……家人不斷在我耳邊說：「你不是專業幼教老師嗎？」「帶小孩不是你的專業嗎？」

我開始質疑自己當母親的能力，質疑這是哪門子的親子關係，甚至懷疑我的寶寶有沒有問題，為什麼別人的孩子做得到書上寫的？

在我最無力時，我的宗教提醒我「你沒有用心在孩子身上」。當下我很生氣，我找遍了各種文章、用了很多方法，我怎麼會不用心呢？

幸運的是，大兒子三個月大時，我透過朋友引薦接觸了宜珉老師舉辦的嬰兒按摩體驗課程。我永遠不會忘記當天發生的事，那是多美好的氛圍，我沒有聽到哭聲，兒子的眼睛在發光，他的微笑告訴我：「他感受到我很愛他。」我跟他的距離越來越近，聽不見其他人的聲音，當下世界彷彿只有我跟我兒子。

體驗課程裡沒有太多教育內容，我卻已能大致找到與哥哥相處的方向，終於在母親這個角色裡有了那麼一點點成就感。

後來陸續參加了老師所舉辦的師培課程，從中獲得了「回應哭泣的重要」「撫觸寶寶的重要」，還有更多的育兒專業，這些資料對於新手媽媽與家人都好重要，至少改善了我與孩子的關係，延伸至與托嬰中心的家長們一起育兒的氛圍。

原來，真正對的方法並不在網路上，而在於你多了解自己孩子，你與他互動多少？他傳遞給你的訊息，你接收到了嗎？

原來，能最自然地與孩子進行各種愛的互動，就是最棒的親子活動。

雖然我家大兒子沒能從受胎那一刻就接觸人初千日課程，但在我的定義裡，人初千日是從心開始。即便過了十年，我仍繼續秉持人初千日的精神。

Eurasian Publishing Group
圓神出版事業機構
用心與你對話・視野無限寬廣
方智出版社
Fine Press
www.booklife.com.tw
reader@mail.eurasian.com.tw

方智好讀 130

人初千日育兒全書：決定孩子一輩子生命品質的1000天

作　　者／鄭宜珉
發 行 人／簡志忠
出 版 者／方智出版社股份有限公司
地　　址／台北市南京東路四段50號6樓之1
電　　話／（02）2579-6600・2579-8800・2570-3939
傳　　真／（02）2579-0338・2577-3220・2570-3636
總 編 輯／陳秋月
副總編輯／賴良珠
主　　編／黃淑雲
專案企畫／尉遲佩文
責任編輯／陳孟君
校　　對／胡靜佳・陳孟君
美術編輯／金益健
行銷企畫／詹怡慧・楊千萱
印務統籌／劉鳳剛・高榮祥
監　　印／高榮祥
排　　版／杜易蓉
經 銷 商／叩應股份有限公司
郵撥帳號／18707239
法律顧問／圓神出版事業機構法律顧問　蕭雄淋律師
印　　刷／國碩印前科技股份有限公司
2020年7月　初版

定價360元　ISBN 978-986-175-559-5

如果每天都能進步百分之一，持續一年，最後你會進步三十七倍；
若是每天退步百分之一，持續一年，到頭來你會弱化到趨近於零。
起初的小勝利或小倒退，累積起來會造就巨大差異。

——詹姆斯．克利爾（James Clear），《原子習慣》

國家圖書館出版品預行編目資料

人初千日育兒全書：決定孩子一輩子生命品質的1000天／
鄭宜珉 著. -- 初版. -- 臺北市：方智，2020.07
304 面；14.8×20.8 公分 --（方智好讀；130）

ISBN 978-986-175-559-5（平裝）

1. 育兒　2. 親職教育

428.8　　109007035